中等职业教育非机械类专业教材

机械制图习题集

（少学时）

第 9 版

金大鹰　主编

机械工业出版社

本习题集依据中等职业学校《机械制图教学大纲》，参照制图员国家职业标准对制图基础理念的要求，在非机械类专业《机械制图习题集（少学时）》第8版的基础上，采用现行机械制图国家标准修订而成。

本次修订，以实用为宗旨，适当降低理论要求，更换较难图例，增加一些新图例，并调整部分内容。习题丰富，角度新且有一定裕量，教师可根据专业和教学时数不同进行取舍。

习题集答案全面修订，附有精准立体图提升立体感，以减轻学生作业负担。

本习题集适用于中等专业学校、技工学校、职业高中等非机械类各专业的制图教学，也可作为职业培训教材使用。

图书在版编目（CIP）数据

机械制图习题集：少学时／金大鹰主编. —9版. —北京：机械工业出版社，2019.11（2024.6重印）
中等职业教育非机械类专业教材
ISBN 978-7-111-64114-8

Ⅰ.①机… Ⅱ.①金… Ⅲ.①机械制图-中等专业学校-习题集 Ⅳ.①TH126-44

中国版本图书馆CIP数据核字（2019）第241955号

机械工业出版社（北京市百万庄大街22号 邮政编码100037）
策划编辑：张 萍　责任编辑：张 萍
责任校对：刘志文　封面设计：马精明
责任印制：常天培
北京铭成印刷有限公司印刷
2024年6月第9版第5次印刷
260mm×184mm·8.5印张·204千字
标准书号：ISBN 978-7-111-64114-8
定价：28.00元

电话服务　　　　　　　　网络服务
客服电话：010-88361066　机 工 官 网：www.cmpbook.com
　　　　　010-88379833　机 工 官 博：weibo.com/cmp1952
　　　　　010-68326294　金　书　网：www.golden-book.com
封底无防伪标均为盗版　　机工教育服务网：www.cmpedu.com

第9版前言

本习题集是根据中等职业学校《机械制图教学大纲》的基本要求,在非机械类专业《机械制图习题集(少学时)》第8版的基础上,采用现行机械制图国家标准,并参照制图员国家职业标准对制图基础理论的要求修订而成,与金大鹰主编的《机械制图(少学时)》第9版教材配套使用。

针对中等职业学校学生就业岗位群职业能力的需求,本次修订体现以"识图为主、画图为辅"的训练原则。以实用为宗旨,更换了较难图例,增加一些新图例,适当降低了理论要求和作图难度,对练习内容和编排顺序也进行了调整。本习题集有如下特点:

1. 突出看图能力的培养。从中职生的学习基础和认知规律出发,自投影作图起,将看图与画图相结合,以轴测图为媒介,以识读一面视图为手段,使学生逐步走上正确的读图之路。通过适时引入有效方法和层次渐进的习题,促使学生把握开启画图、看图之门的两把钥匙,使其能力的培养得以强化。

2. 习题集与教材内容编排顺序同步、配套且互补。题型丰富,角度新。除供理解、巩固知识的基础题外,还设计一些提升技能的趣题,并有问答、改错和"一补二、二补三"的补图、补线题,使学生得到有效的训练。

3. 习题有一定裕量。由于各校专业和学时的需要不同,教师可根据教学具体情况取舍。一些有一定难度的看图题(附有答案和立体图),供学生选作。

4. 习题集答案全面修订,并附精准的立体图,提升立体感,减轻学生作业负担。配套教材中新设计制作与教材配套的电子课件,能生动演示作图过程和知识点,使学生做题时,变复杂为简单。

为实现立体化教学,我们完善了《机械制图(少学时)》第9版教材配套资源,通过AR、二维动画、微课等手段,打造全新机械制图立体化教材。配套教材的教学资源包括:"优视"APP、二维动画、微课、翔实版PPT课件(含丰富动画)、习题集答案、教学建议法等。选用本教材的教师,可在机械工业出版社机工教育服务网(http://www.cmped.com/)免费下载配套教材的相关教学资源。

本习题集适用于中等专业学校、技工学校、职业高中等非机械类各专业的制图教学,也可作为职业培训教材使用。

参加本习题集修订工作的有金大鹰、高俊芳、张鑫、王忠强、高航怡、邓毅红。由金大鹰任主编。

限于我们的水平,书中缺点在所难免,敬请读者批评指正。

编 者

目　　录

第 9 版前言
一、制图的基本知识和技能 ……………………………………………………………………………… 1
二、投影的基本知识 ……………………………………………………………………………………… 13
三、立体的表面交线 ……………………………………………………………………………………… 39
四、组合体 ………………………………………………………………………………………………… 45
五、机件的表达方法 ……………………………………………………………………………………… 69
六、常用零件的特殊表示法 ……………………………………………………………………………… 89
七、零件图 ………………………………………………………………………………………………… 98
八、装配图 ………………………………………………………………………………………………… 114
*九、管路图 ………………………………………………………………………………………………… 123
十、选做题答案 …………………………………………………………………………………………… 125

一、制图的基本知识和技能　　1-1　字体综合练习。

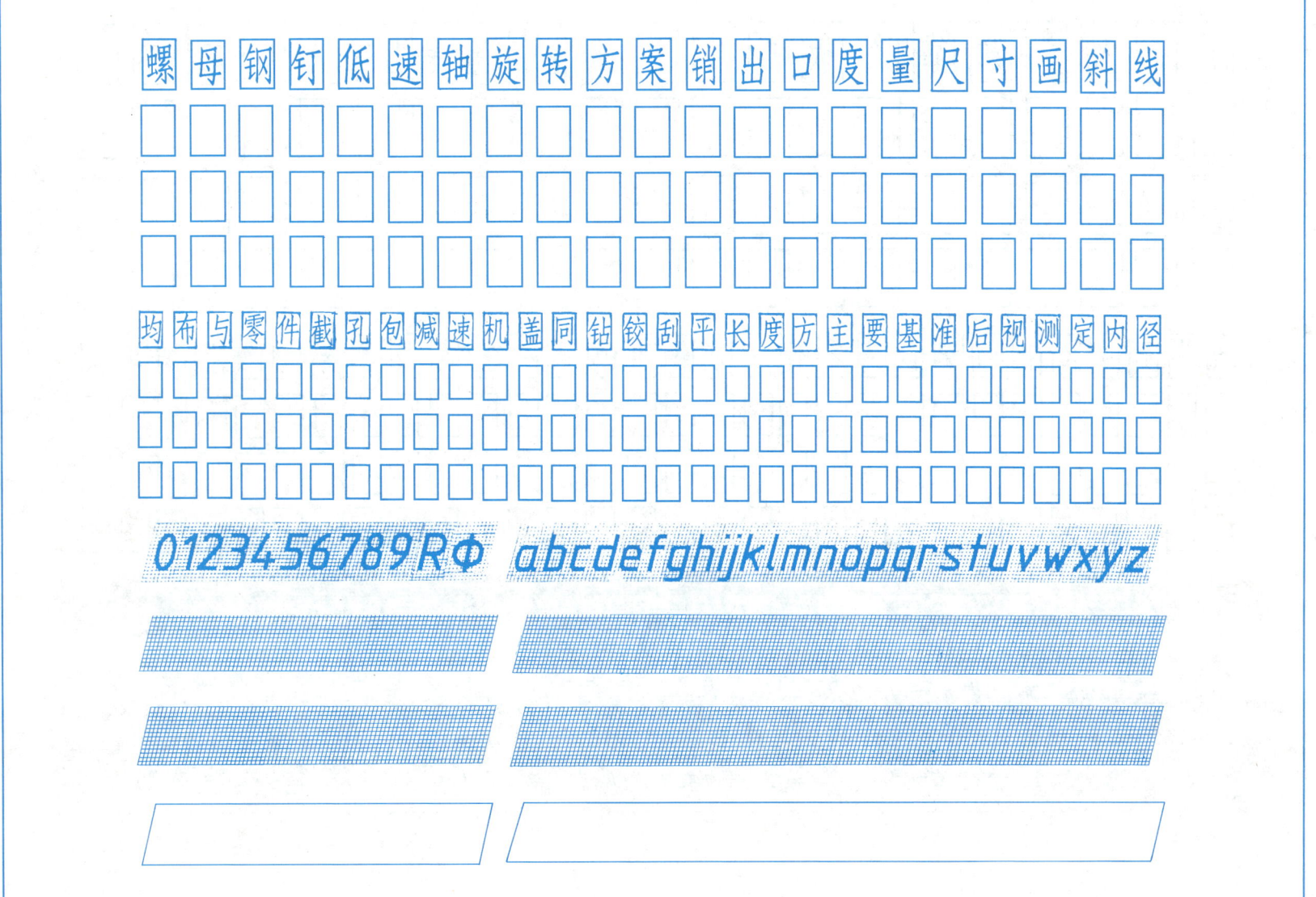

班级　　　　　　姓名　　　　　　学号

1-2 字体综合练习。

丁字尺头紧靠图板可上下移动铅笔由左向右称重

投影面中心孔轴端倒角零件均布垫圈画圆长宽高技术要求相贯级其余

IIIIIIIVVVIVIIVIIIIXX   ABCDEFGHIJKLMNOPQRSTUVWXYZ

班级　　　　　　　姓名　　　　　　　学号

1-3 图线练习。

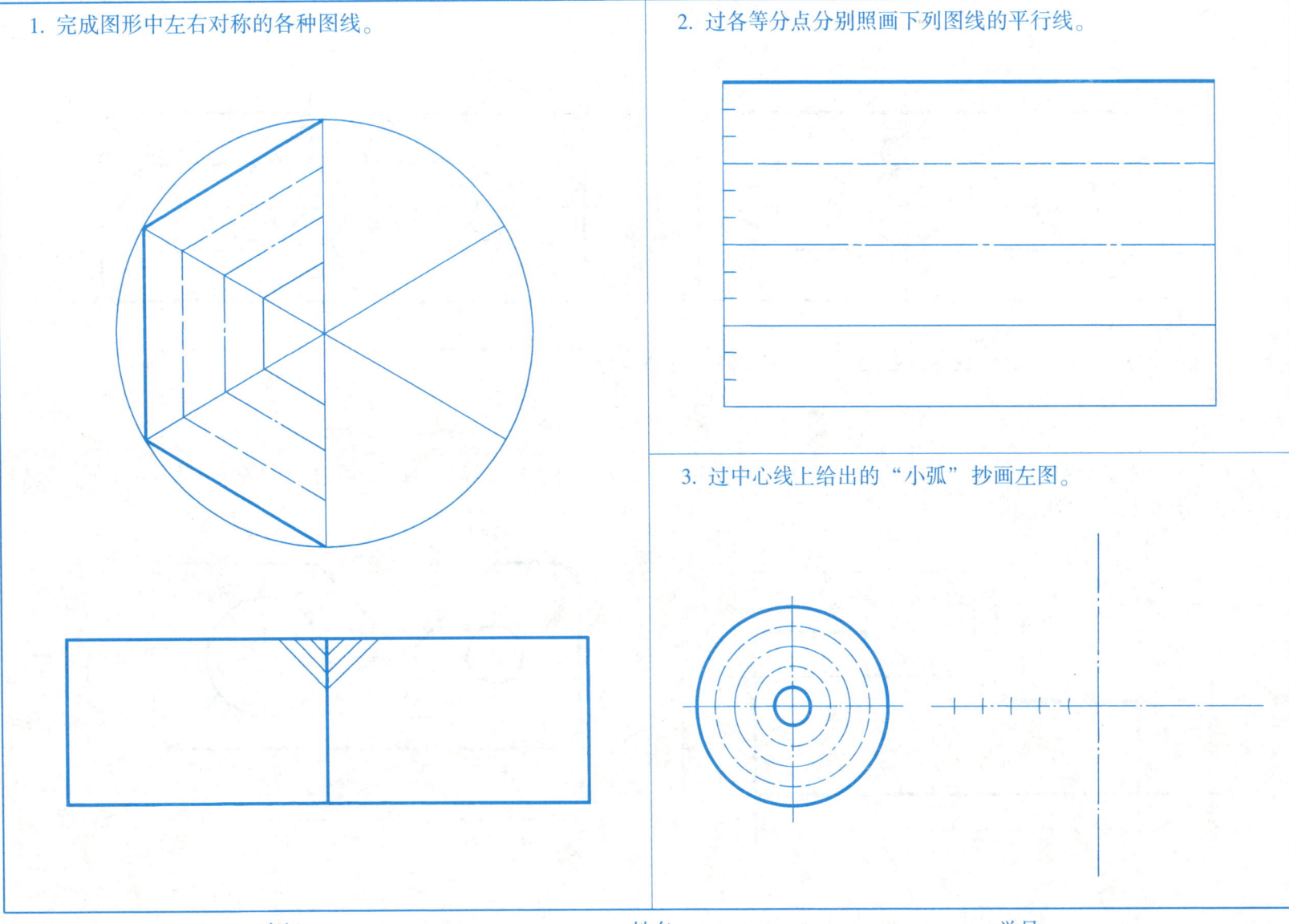

1-4　尺寸注法。

1. 对比阅读下列两图，以防止初学者标注尺寸时常犯的错误。

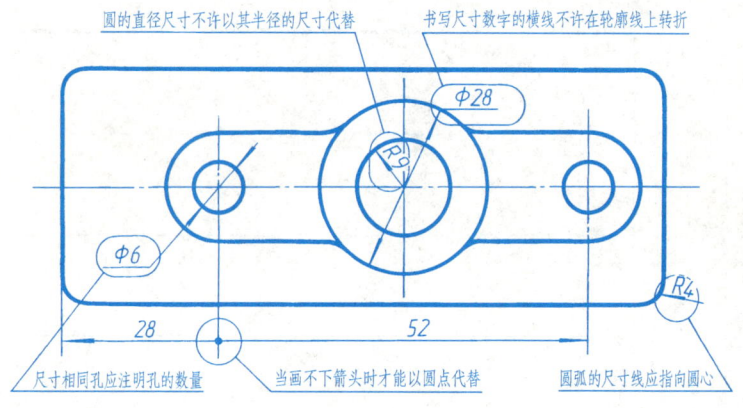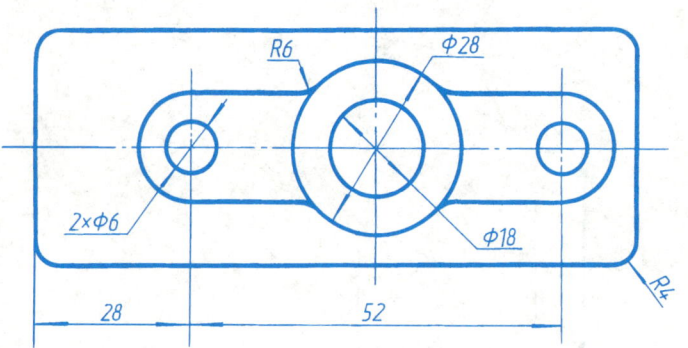

2. 在下图中填写未注的尺寸数字和补画遗漏的箭头，其数字的大小及箭头的形状和大小，以图中注出的数字和箭头为准，尺寸数值按 1∶1 的比例从图中量取整数。

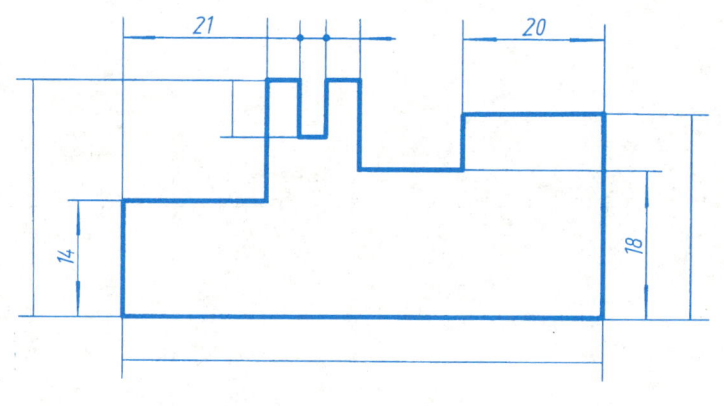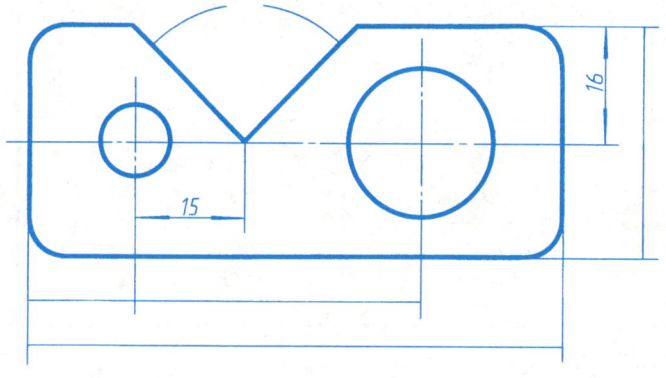

班级　　　　　　　　姓名　　　　　　　　学号

1-5 尺寸注法。

1. 检查左图尺寸注法的错误，将正确注法注在右图中（角度可用简化注法）。

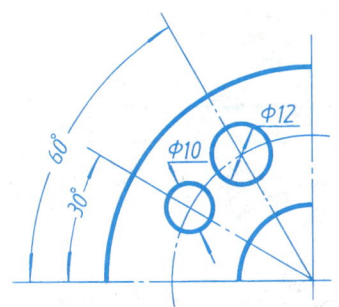

2. 填写尺寸数字（下图是按 1：2 的比例绘制的）。

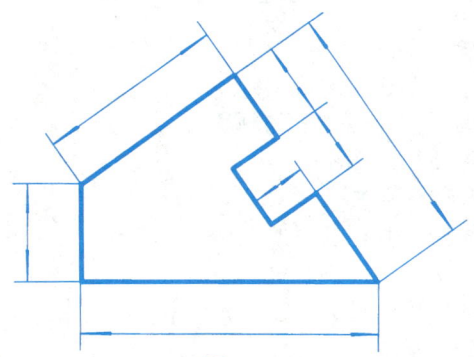

3. 将左图中的尺寸，标注在右图中。

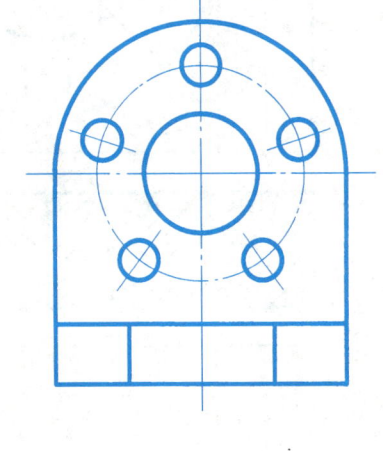

4. 分析下图中小尺寸的各种注法，并在相应图中模仿注出。

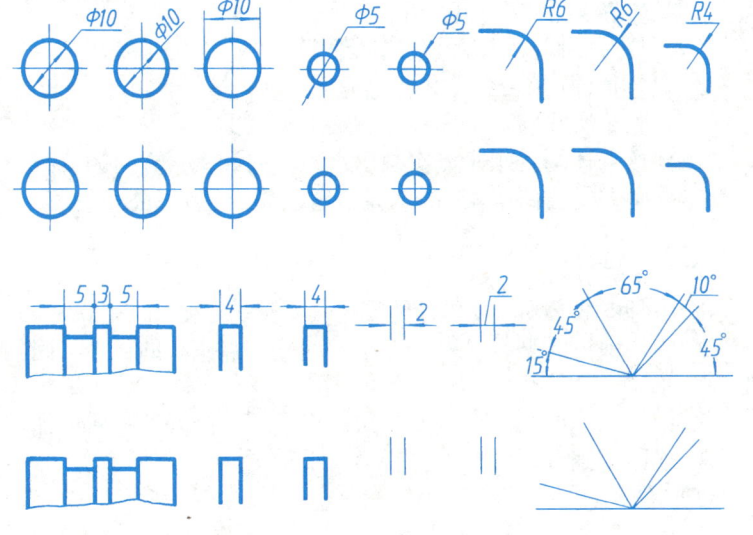

班级　　　　　　姓名　　　　　　学号

1-6 线型作业。

作业 1 线 型

一、作业目的
1. 熟悉主要线型的规格。
2. 掌握图框及标题栏的画法。
3. 练习使用绘图工具。

二、内容与要求
1. 绘制图框和标题栏。
2. 按图例要求绘制各种图线。
3. 用 A4 图纸，竖放，不注尺寸，比例为 1∶1。

三、绘图步骤
1. 画底稿(用 H~3H 铅笔)。
(1) 画图框。
(2) 按图例中所注的尺寸，从图纸有效幅面的中心处(标题栏以上图框对角线的交点)开始作图。
(3) 校对底稿，擦去多余的图线。
2. 铅笔加深(用 HB 或 B 铅笔)。
(1) 画粗实线圆、细虚线圆和细点画线圆。
(2) 按上述画线顺序依次画出水平方向和垂直方向的直线。
(3) 画左、右两组 45°的斜线，斜线间隔约为 3mm(目测)。
(4) 用标准字体填写标题栏。

四、注意事项
1. 各种图线必须符合国标的规定。粗实线宽度宜采用 0.7mm。
2. 为了保证线型符合标准，细虚线和细点画线的长画与间隔，在画底稿时，就应正确画出。
3. 细点画线的长画与点要一次画出，不要画好长画后再加点。
4. 作图要细致耐心，不要轻易换纸重画。

五、图例(见右图)

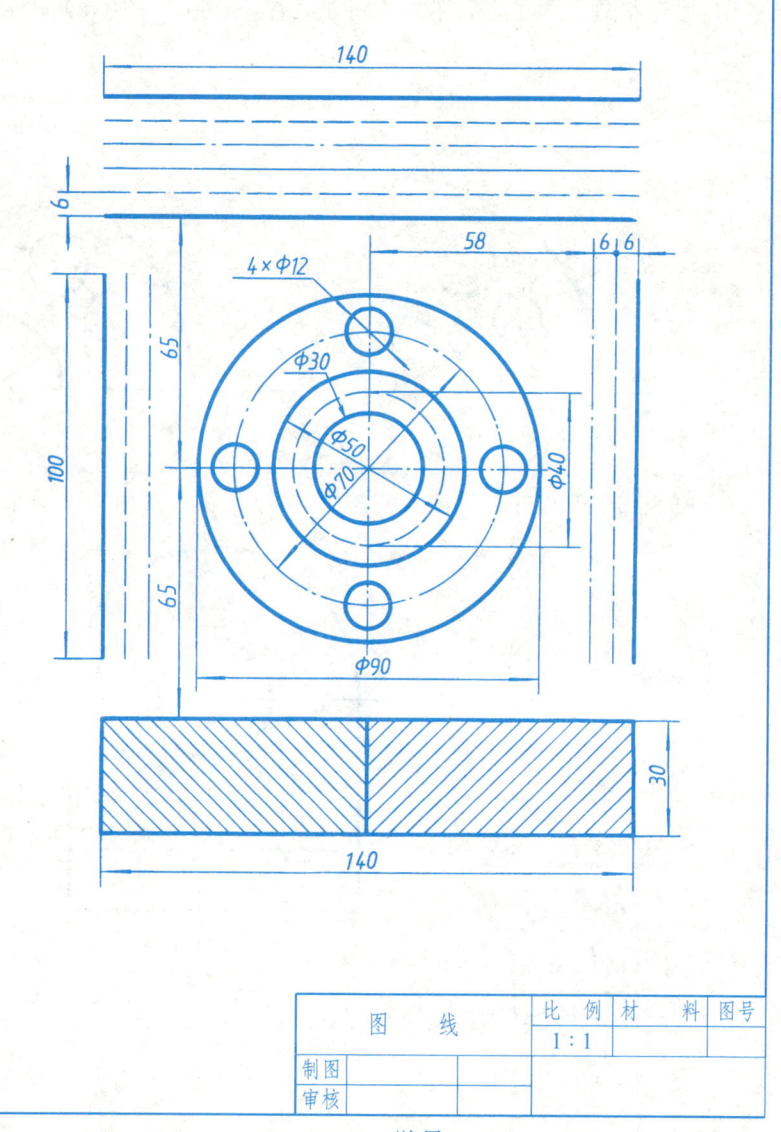

班级　　　　　姓名　　　　　学号

1-7 等分圆周。

1. 按右上角的图例，完成下图(前四题用圆规取等分点,再用30°-60°三角板验证并作图)。

(1)  (2) 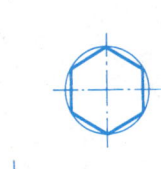 (3) 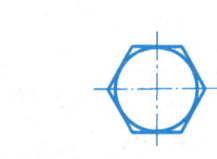 (4) (5)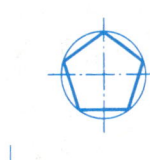

2. 按左面的图例，以2∶1的比例完成右图。

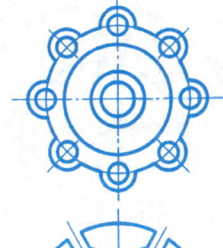

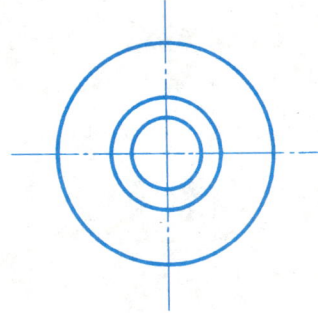
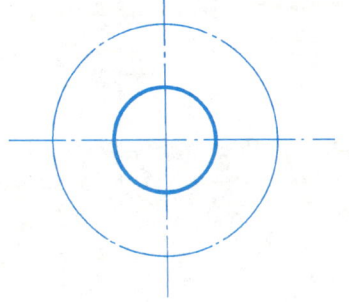

班级　　　　　　　姓名　　　　　　　学号

1-8 完成下列图形的线段连接(比例为 1∶1),标出连接弧的圆心和切点。

1.

2.

班级　　　　　　　　　　　姓名　　　　　　　　　　　学号

1-9 斜度和锥度。

1. 绘制下列图形(比例为1∶1)，并标注斜度。

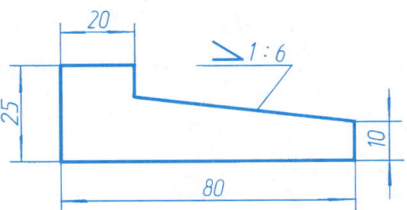

2. 绘制下列图形(比例为1∶1)，并标注锥度。

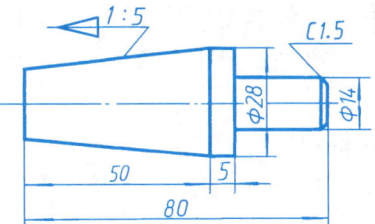

班级　　　　　　　　　　姓名　　　　　　　　　　学号

1-10 平面图形作业。

作业 2　平面图形作业指导书

一、作业目的

1. 熟悉平面图形的绘制过程及尺寸标注方法。
2. 掌握线型规格及训练线段连接技巧。

二、内容与要求

1. 按教师指定的题号绘制平面图形。
2. 用 A4 图纸，自己选定绘图比例及图纸横放或竖放，标注尺寸。

三、作图步骤

1. 分析图形。分析图形中的尺寸作用及线段性质，从而决定作图步骤。
2. 画底稿。
（1）画图框及标题栏。
（2）画出图形的基准线、对称线及圆的中心线等。
（3）按已知线段、中间线段、连接线段的顺序，画出图形。
（4）画出尺寸界线、尺寸线。
3. 检查底稿。
4. 铅笔加深图线。
5. 画箭头、标注尺寸、填写标题栏。
6. 校对及修饰图形。

四、注意事项

1. 布置图形时，应考虑标注尺寸的位置。
2. 画底稿时，作图线应轻而准确，并应找出连接弧的圆心及切点。
3. 加深时必须细心，按"先粗后细，先曲后直，先水平后垂直、倾斜"的顺序绘制，应做到同类图线规格一致，线段连接光滑。

4. 箭头应符合规定，并且大小一致。
5. 不要漏注尺寸或漏画箭头。
6. 用标准字体填写尺寸数字及标题栏。
7. 保持图面清洁。

五、图例

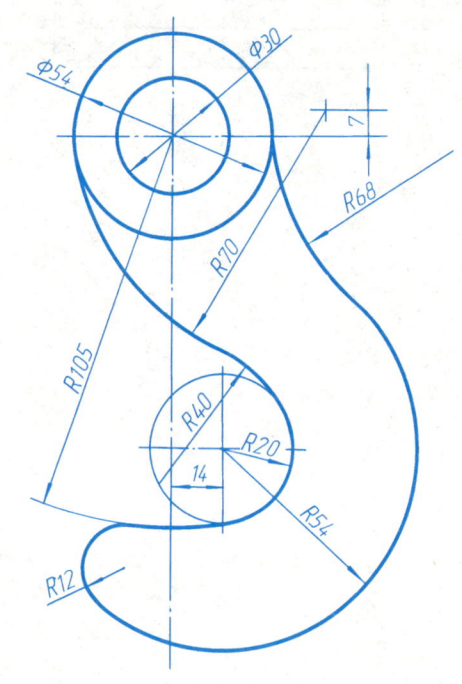

吊钩轮廓图　比例 1:2

1-11 平面图形作业题。

1.

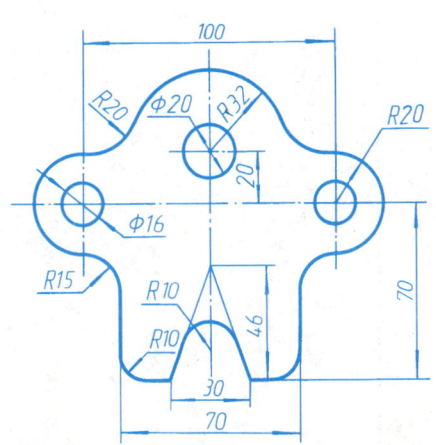

2.

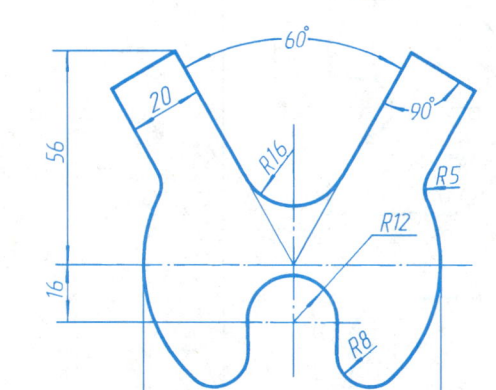

3.

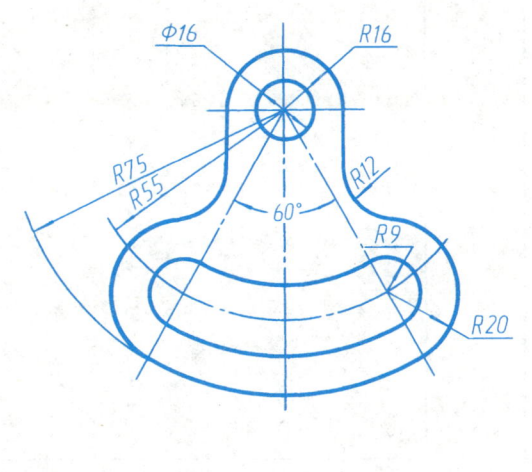

4.

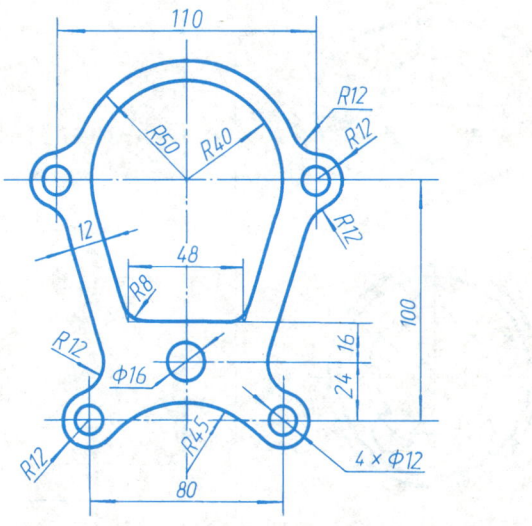

班级　　　　　　姓名　　　　　　学号

1-12 徒手画出下列图形（比例为 2∶1）。

班级　　　　　　　姓名　　　　　　　学号

二、投影的基本知识 2-1 分析三视图的形成过程，并填空说明三视图之间的关系。

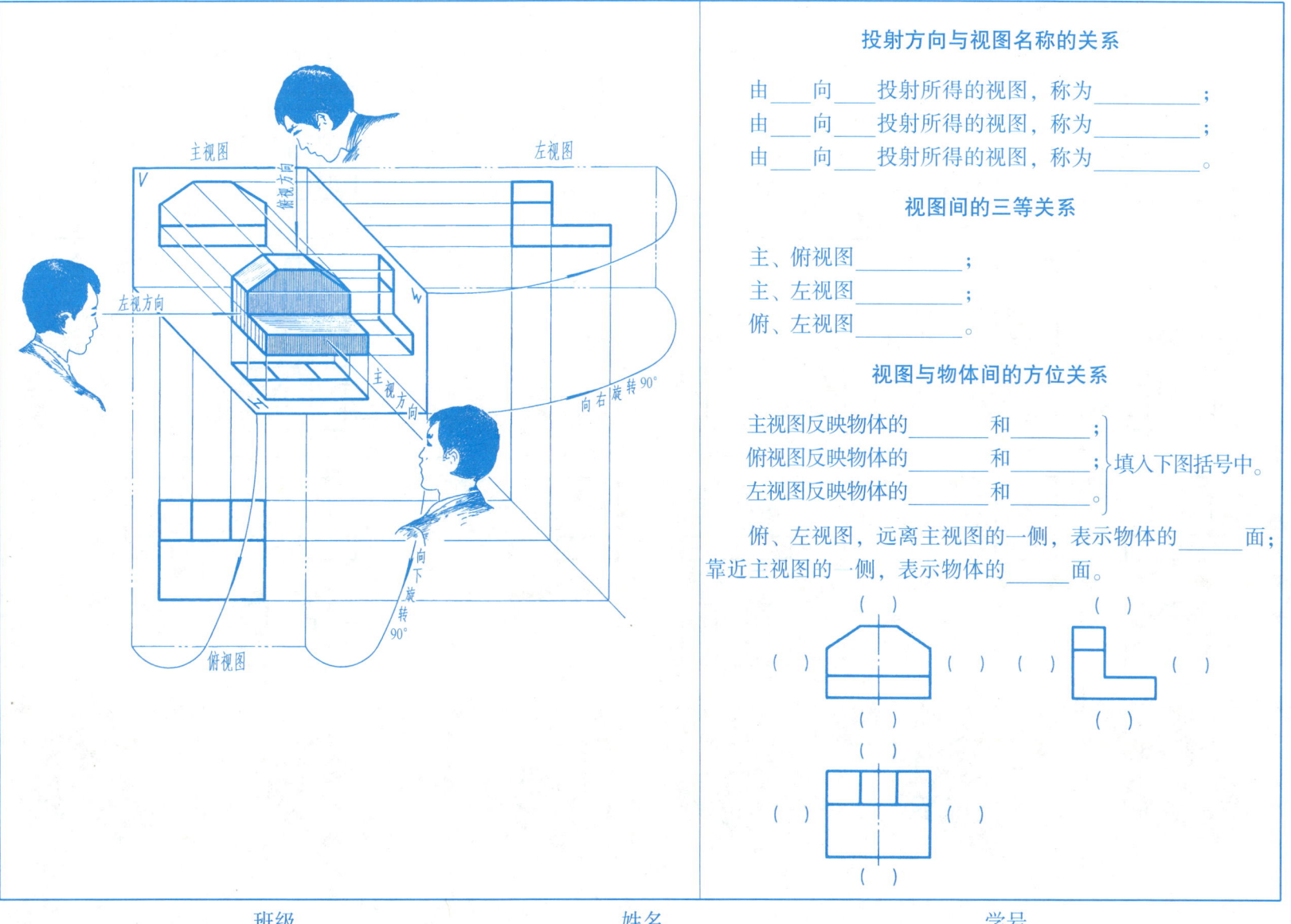

投射方向与视图名称的关系

由____向____投射所得的视图，称为_____；

由____向____投射所得的视图，称为_____；

由____向____投射所得的视图，称为_____。

视图间的三等关系

主、俯视图_____；

主、左视图_____；

俯、左视图_____。

视图与物体间的方位关系

主视图反映物体的_____和_____；
俯视图反映物体的_____和_____； 填入下图括号中。
左视图反映物体的_____和_____。

俯、左视图，远离主视图的一侧，表示物体的_____面；靠近主视图的一侧，表示物体的_____面。

班级　　　　　　姓名　　　　　　学号

2-2 分析下列三视图，辨认其相应的轴测图，并在空圈内填上相应三视图的编号。

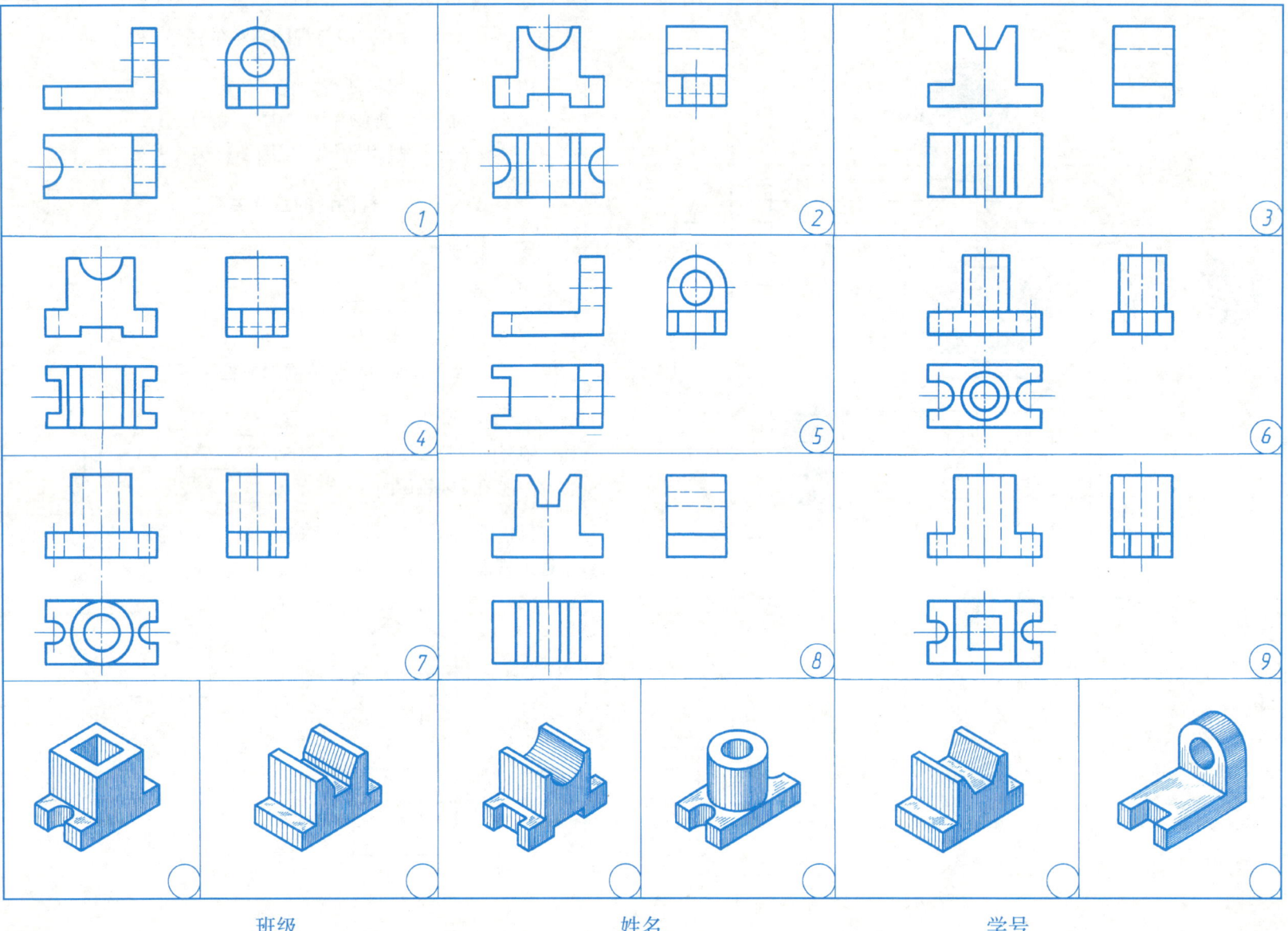

2-3 辨认与主视图对应的俯视图及立体图，并将其编号填入表中的相应位置(先填入立体图的编号)。

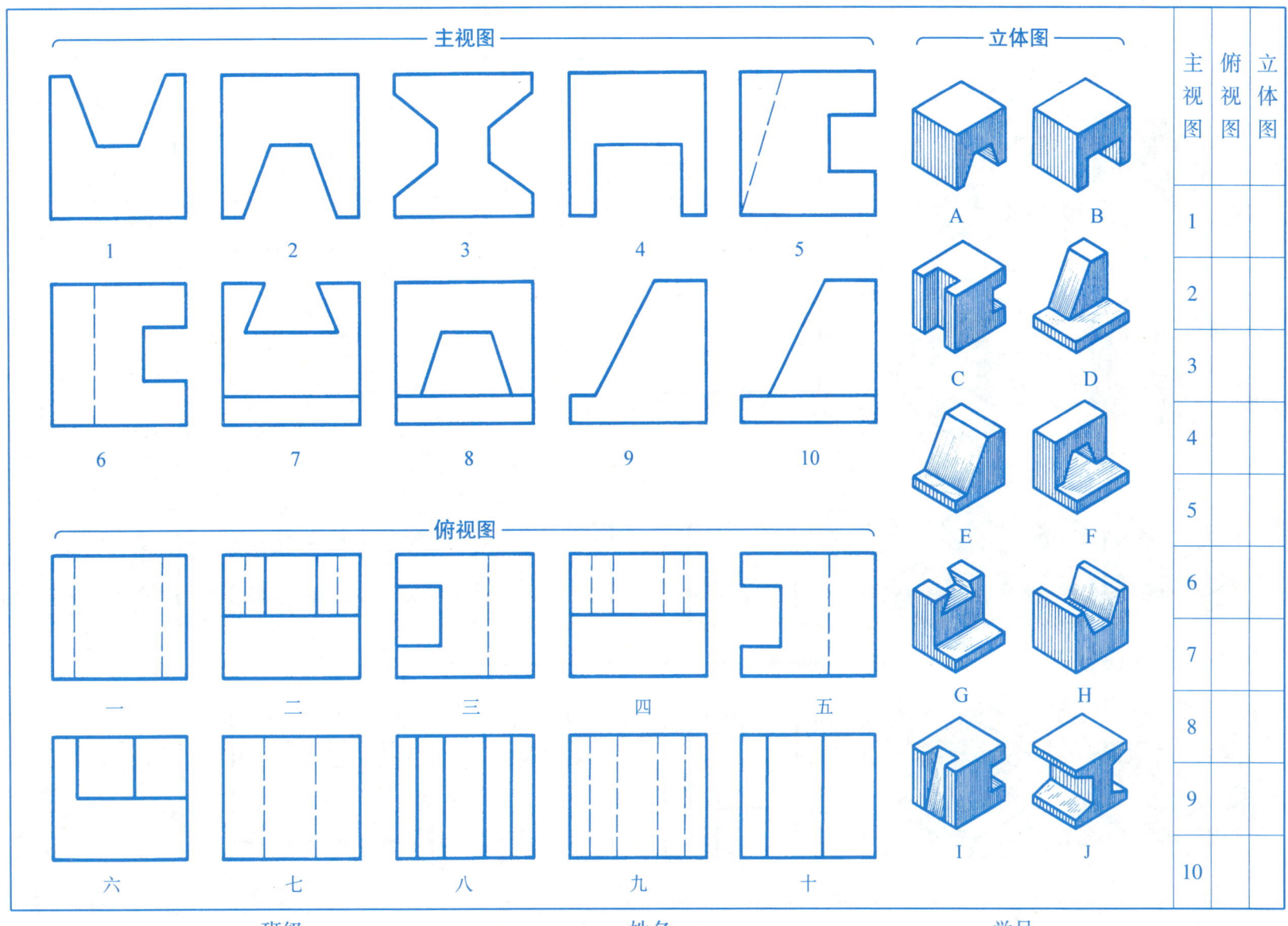

2-4 根据三视图辨认其相应的立体图（将其编号填入空圈内），并补全视图中所缺的图线。

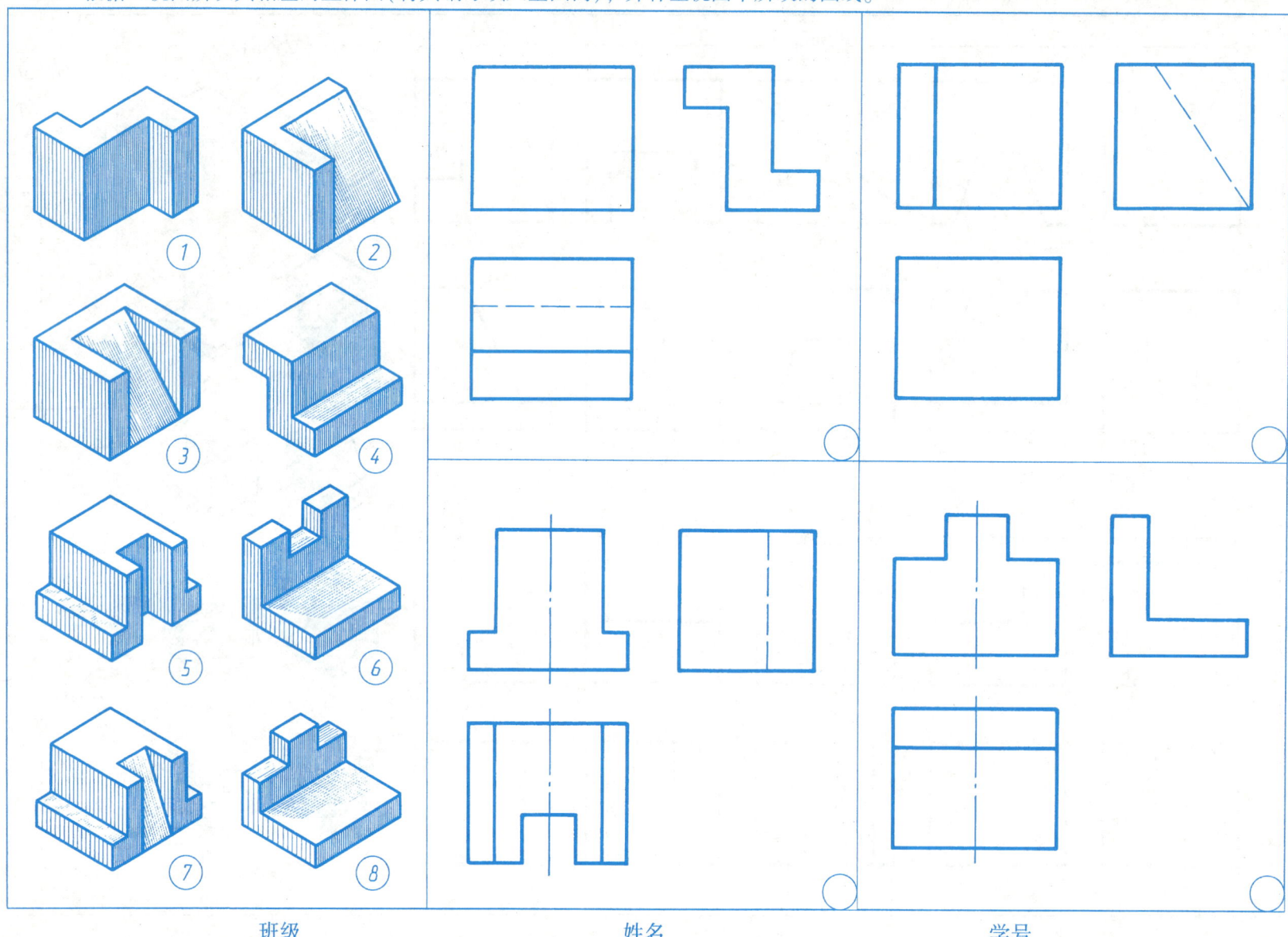

班级　　　　　　　　　姓名　　　　　　　　　学号

2-5 根据轴测图辨认其相应的两视图，并补画出所缺的第三视图。

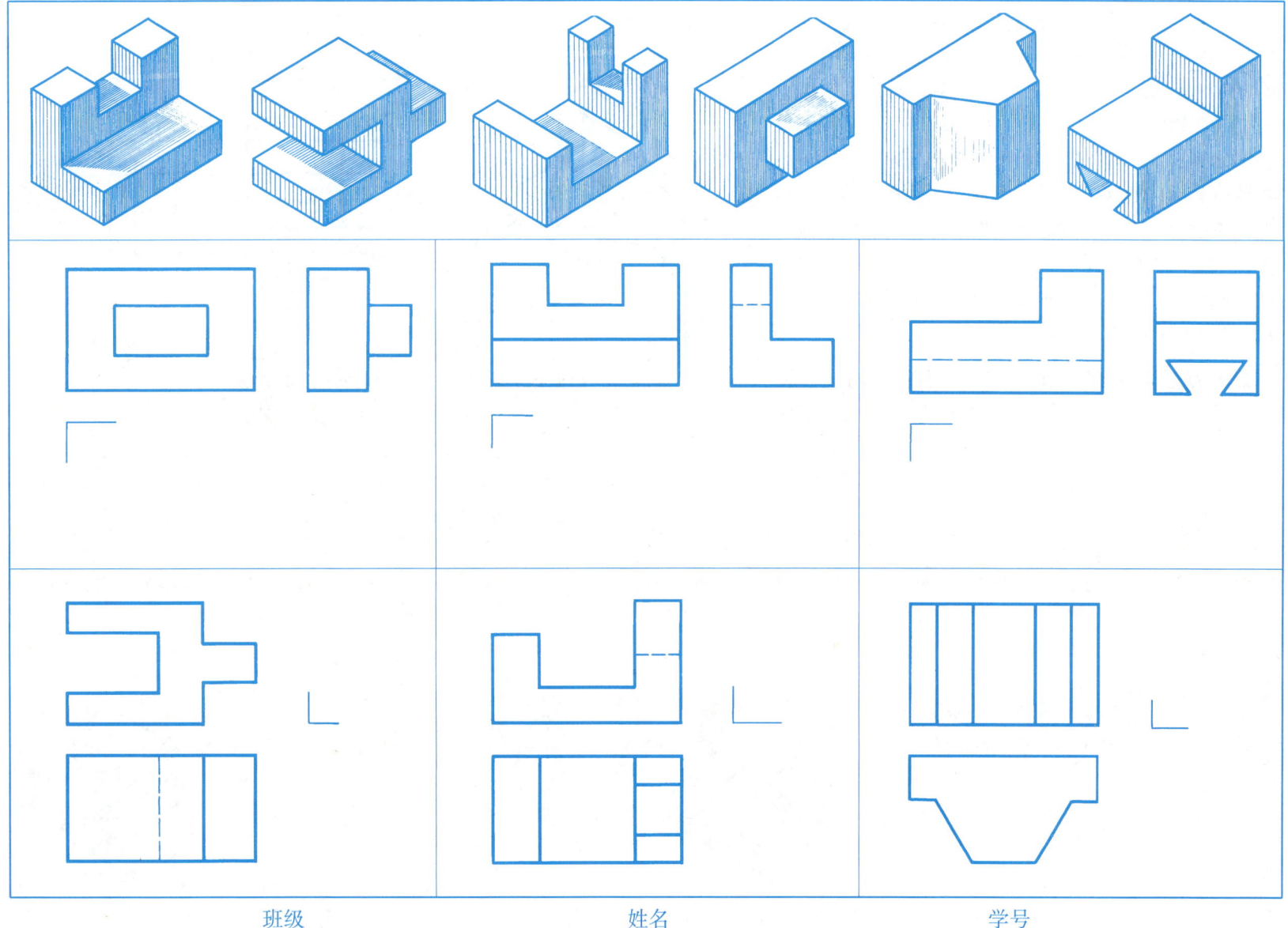

| 班级 | 姓名 | 学号 |

2-6　在轴测图中量取尺寸的方法及根据轴测图画三视图。

1. 根据轴测图画三视图时，怎样度量尺寸呢？

　　轴测图中的轴测轴 X_1、Y_1、Z_1 与三视图中的投影轴 X、Y、Z 有着一一对应的关系。在正等轴测图（右图）中度量尺寸时，凡与 X_1、Y_1、Z_1 轴平行的线段，均可按 1∶1 取至三视图中，且应分别与 X、Y、Z 轴相平行。但与 X_1、Y_1、Z_1 轴不平行的线段，即轴测图中的斜线不可直接量取。作图时，只能依据该斜线两端点的坐标，先定点，再连线。

　　此外，画图时还应注意，轴测图中相互平行的线段，在三视图中也一定相互平行。

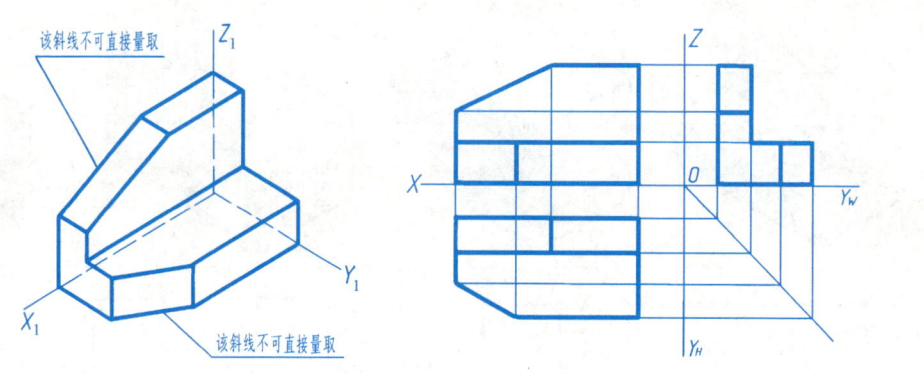

2. 根据正等轴测图，画三视图（比例为 2∶1）。

3. 根据正等轴测图，画三视图（比例为 2∶1）。

2-7 根据轴测图，在方格纸上徒手画出三视图(比例约 1∶1)。

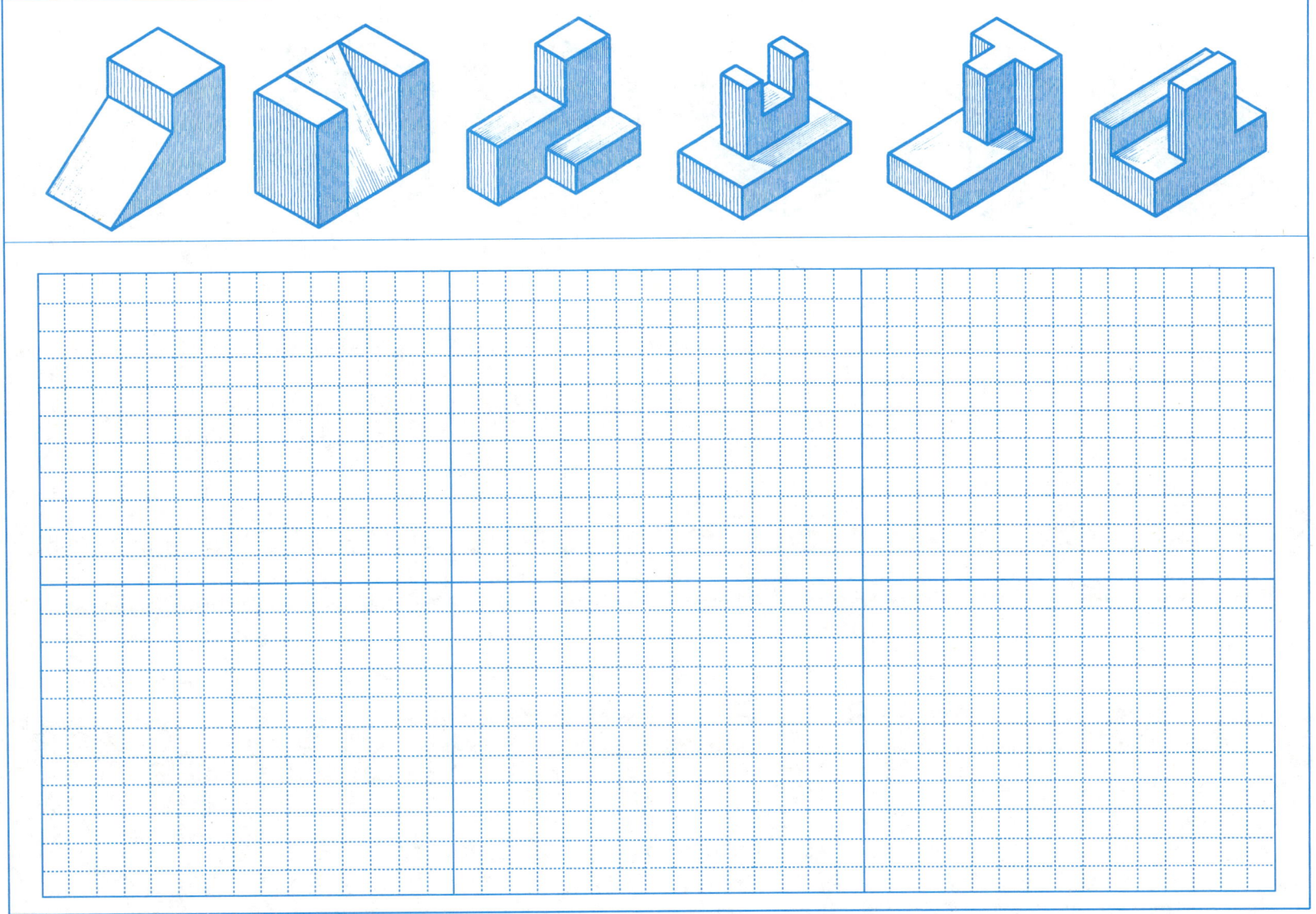

班级　　　　　　　　　姓名　　　　　　　　　学号

2-8 根据轴测图，在方格纸上徒手画出三视图。要求自己设计一个轴测图，并画出其三视图(分别画在右上角和右下角)。

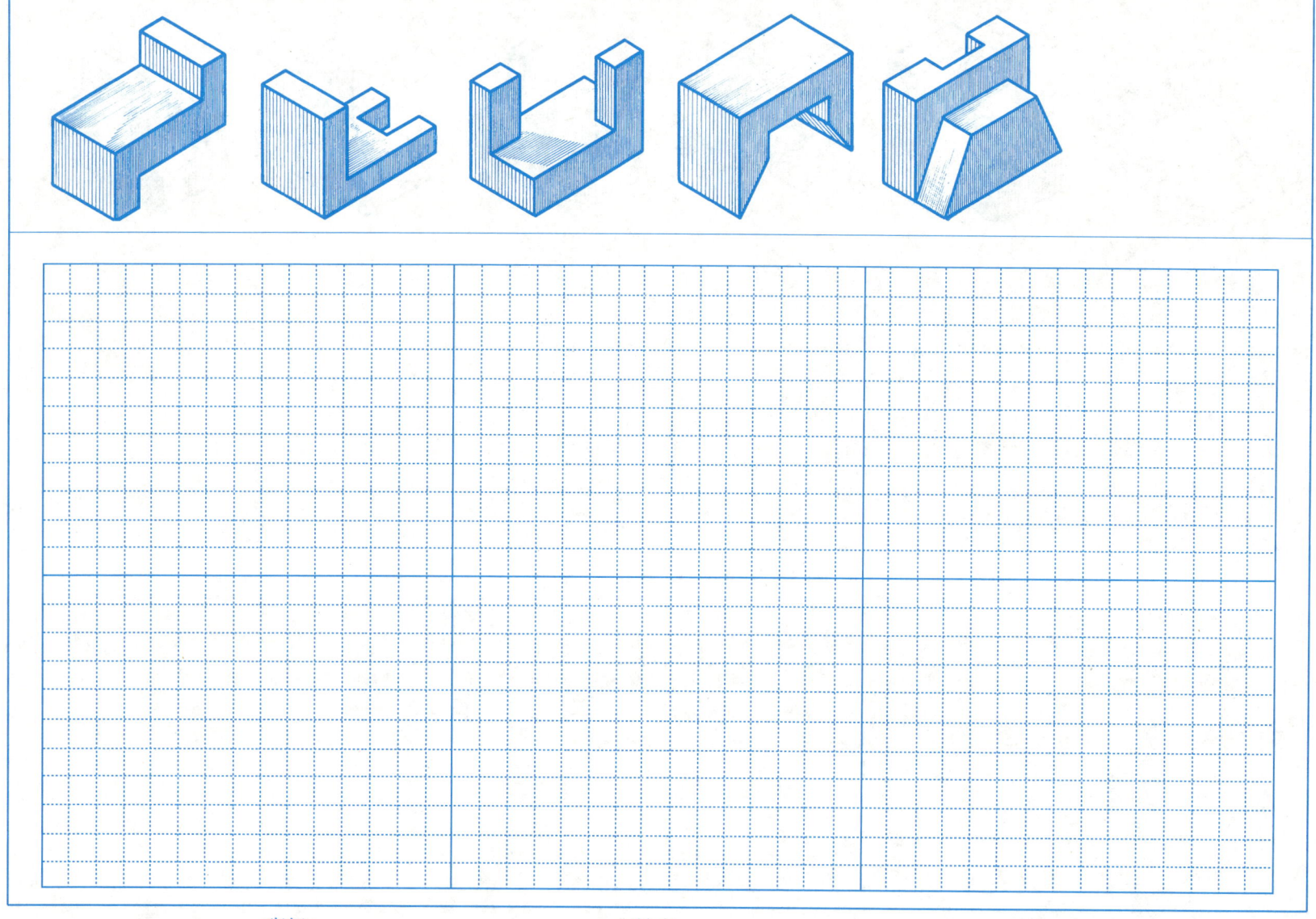

班级　　　　　　　　姓名　　　　　　　　学号

2-9 看视图想出物体形状，徒手补画视图中所缺的图线。

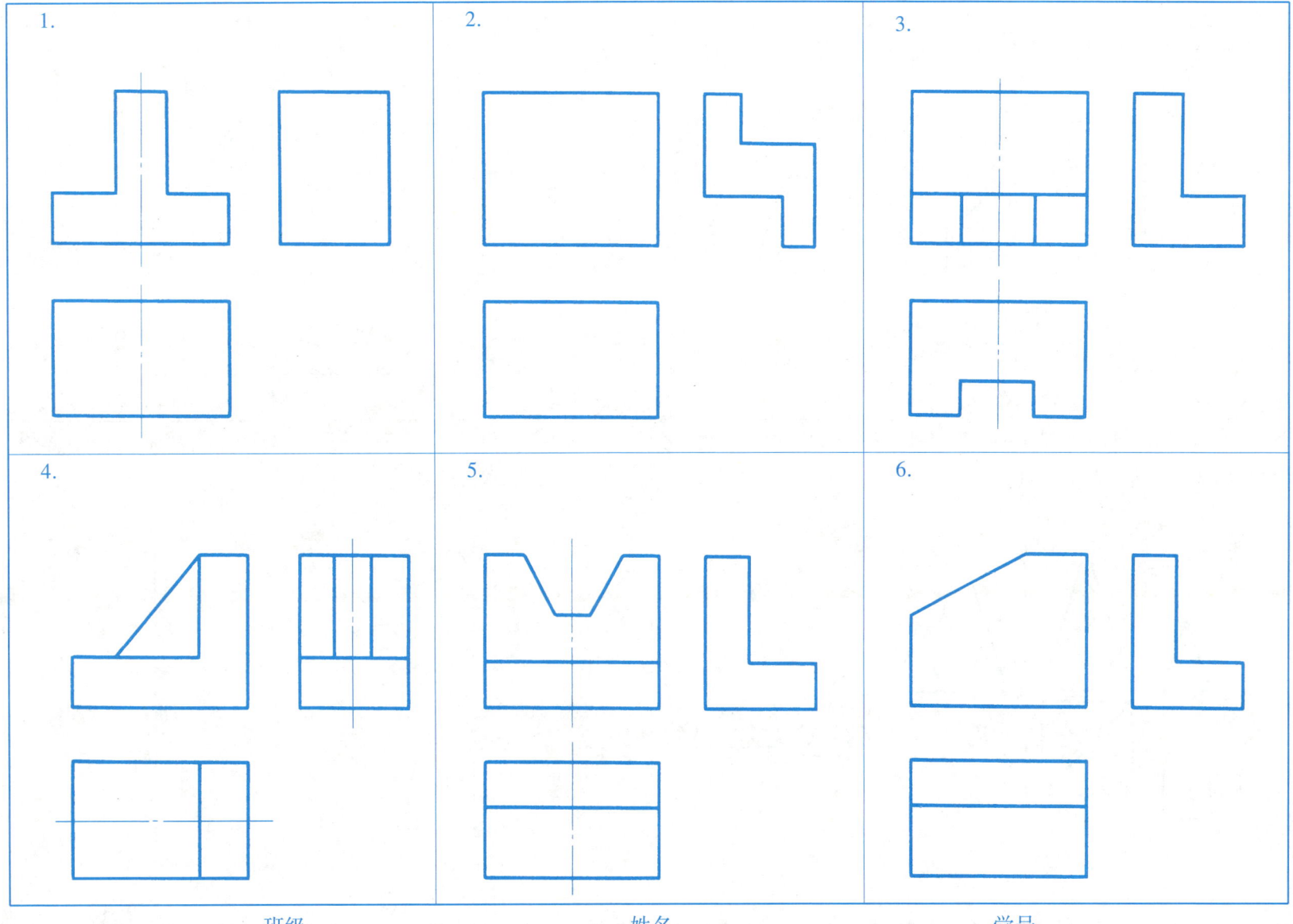

班级　　　　　　　　　　姓名　　　　　　　　　　学号

2-10 点的投影。

1. 完成点 A 的轴测图(图1)；根据图1求作点 A 的三面投影图(图2)；再根据图2求作点 A 的轴测图(图3)(X、Y 值均增大一倍，Z 值不变)，注全点的投影符号，并写出点 A 的坐标。

A(,   ,   )。

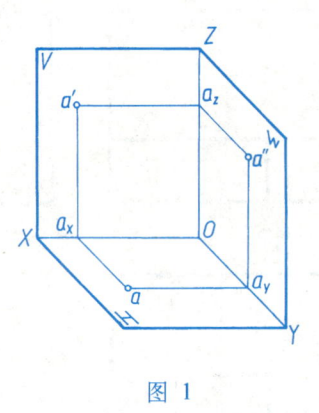

图 1

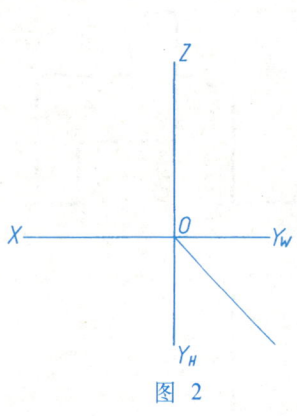

图 2

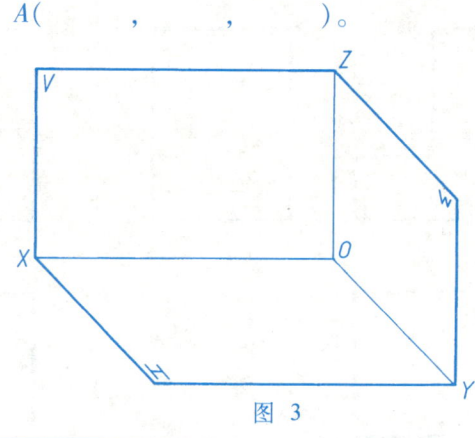

图 3

2. 分别画出各四棱锥锥顶的投影连线，补全投影的标号，再比较锥顶点 Ⅰ、Ⅱ 的相对位置。

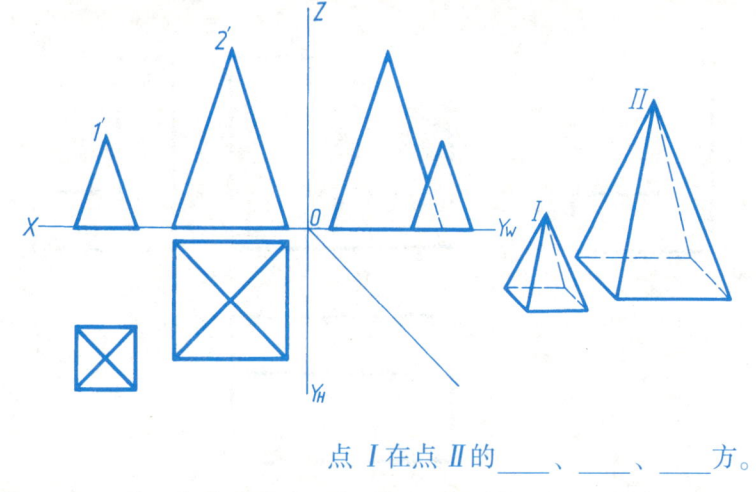

点 Ⅰ 在点 Ⅱ 的 ___、___、___ 方。

3. 已知点 A、点 B 的一面投影，又知点 A 距 H 面 20mm，点 B 在 V 面上，求作点 A、点 B 的另两面投影。

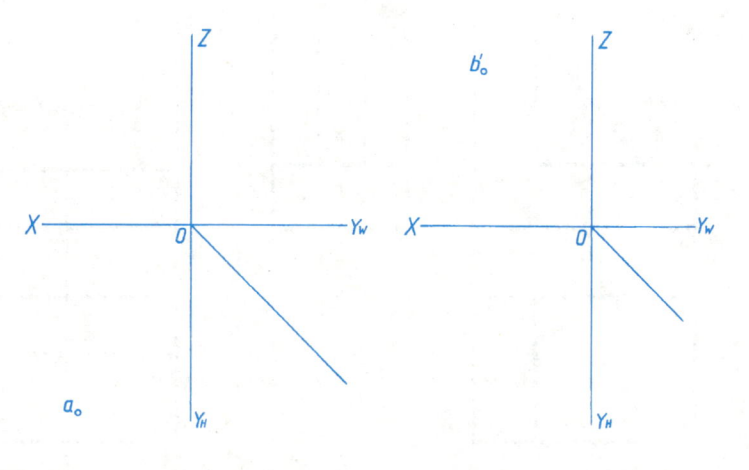

2-11 点的投影。

1. 已知点 B 距 H 面 25mm、距 V 面 15mm、距 W 面 30mm，试作出点 B 的三面投影图。

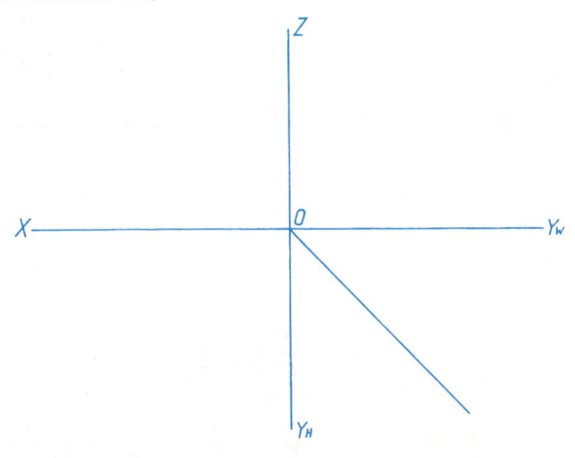

2. 已知点 A 在点 B 的左方 20mm、下方 20mm、前方 10mm，求点 A 的三面投影，并说明两点的相对位置。

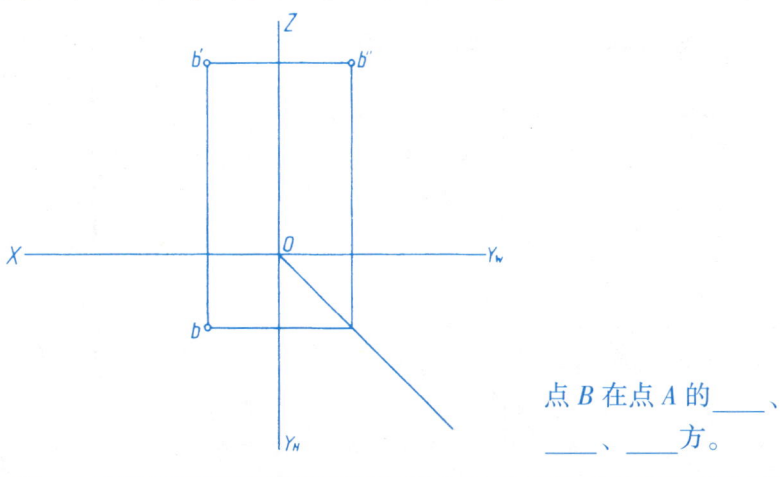

点 B 在点 A 的 ___、___、___ 方。

3. 已知点 E 在 W 面上，点 F 在 H 面上，在轴测图上标出 e、e'、e''，及 f、f'、f''。根据给出的两面投影，求 e 及 f''，并写出两点的坐标。

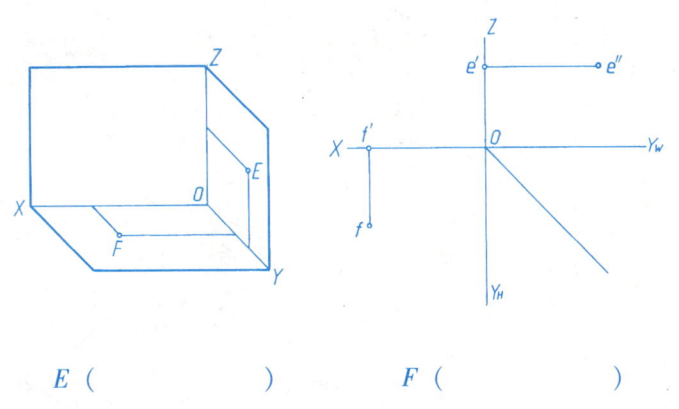

E （　　　）　　　F （　　　）

4. 在正五棱台的主视图、左视图和轴测图上注出俯视图中指出的相应字母，并比较两点的相对位置。

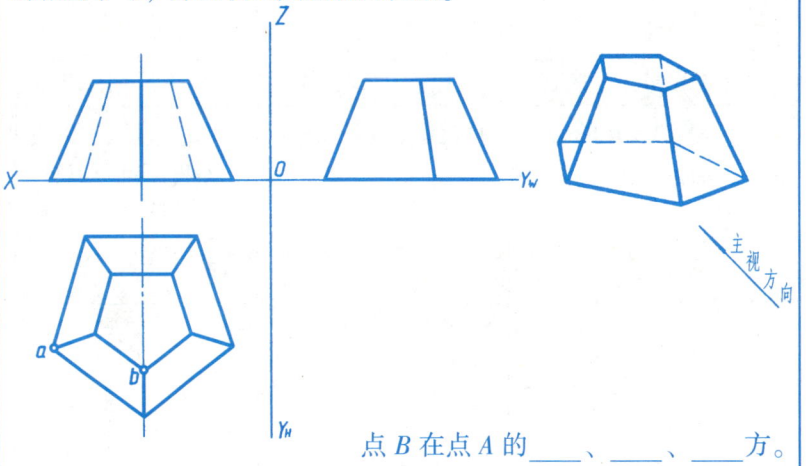

点 B 在点 A 的 ___、___、___ 方。

班级　　　　　　姓名　　　　　　学号

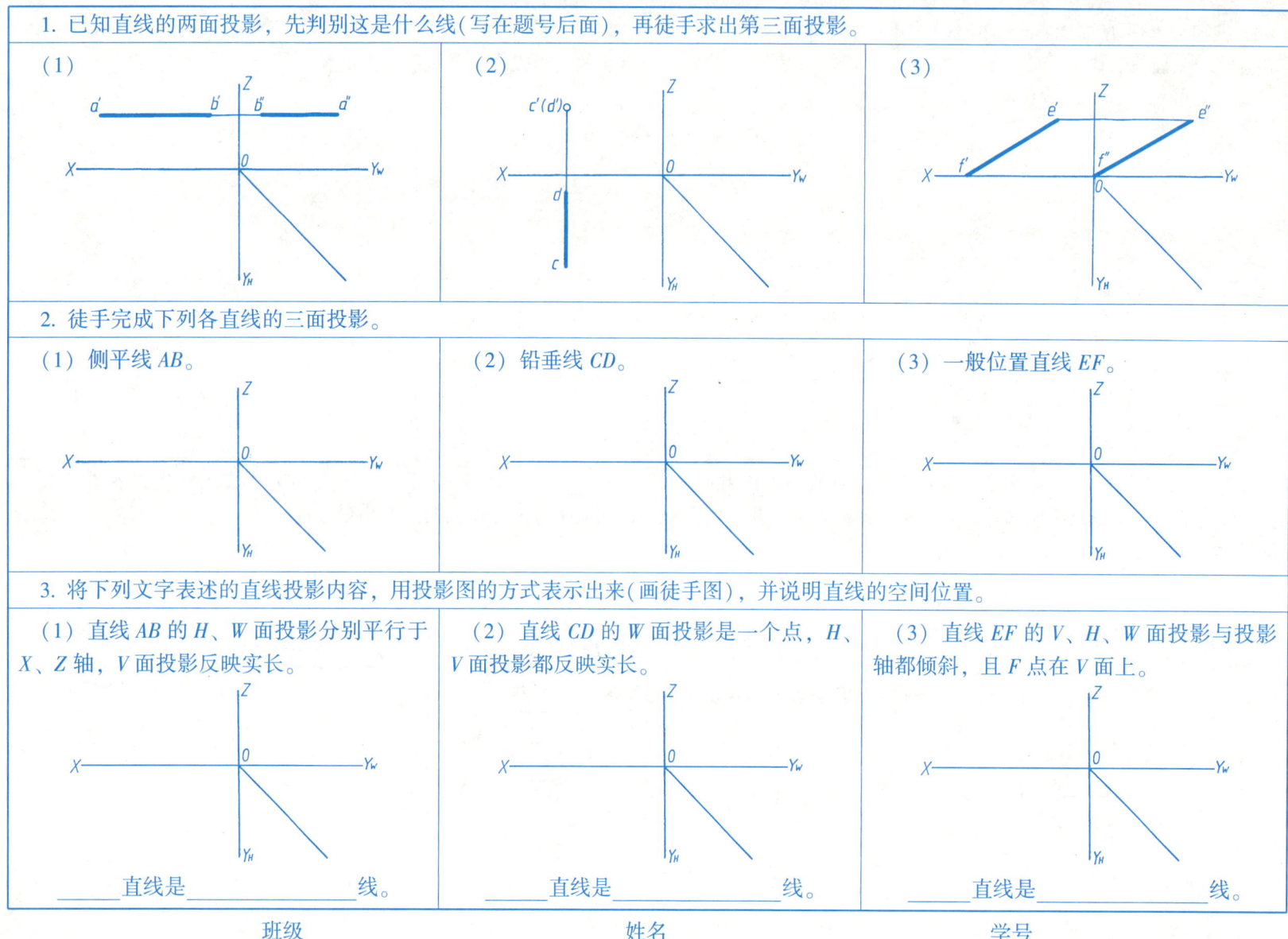

2-13 直线的投影。

1. 已知点 $B(35,14,6)$，试在下图中完成直线 AB 的投影图和轴测图（单位：mm）。

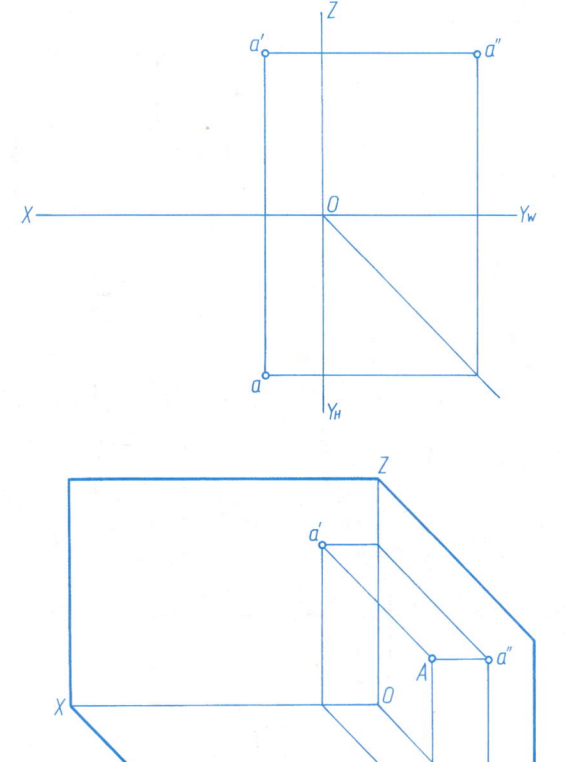

2. 在轴测图中，画出物体上各点与其三面投影的连线，并回答问题。

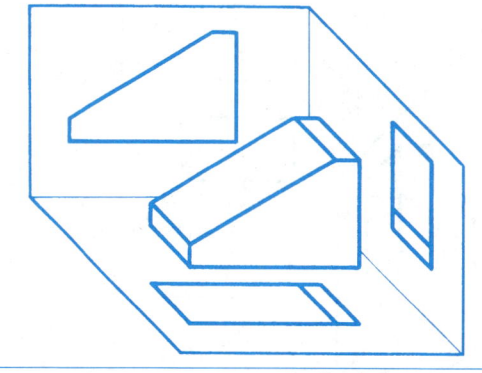

物体上共有

_____ 条正垂线。

_____ 条正平线。

_____ 条铅垂线。

_____ 条侧垂线。

3. 已知 Ⅰ、Ⅱ、Ⅲ 三点分别在三棱锥的 SA、SB、SC 棱线上，求这三点的水平投影及侧面投影，然后将它们的同面投影用直线连接起来，并判别 ⅠA、ⅡB、ⅢC 直线的空间位置。

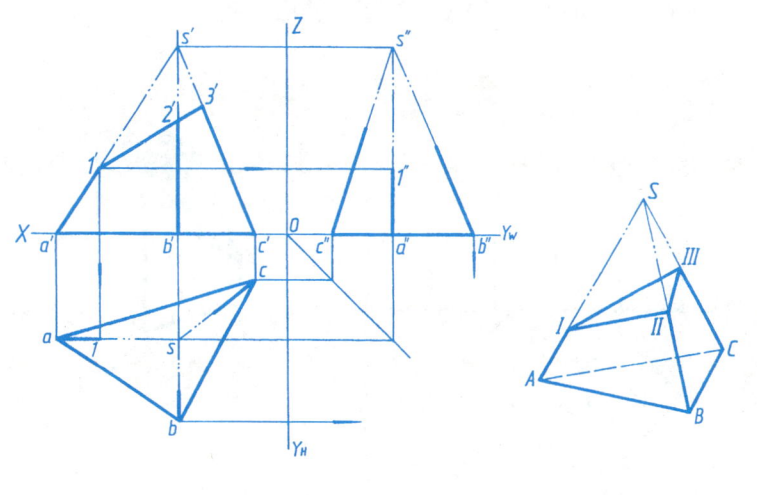

ⅠA 是 _____ 线。 ⅡB 是 _____ 线。 ⅢC 是 _____ 线。

班级　　　　　　　　姓名　　　　　　　　学号

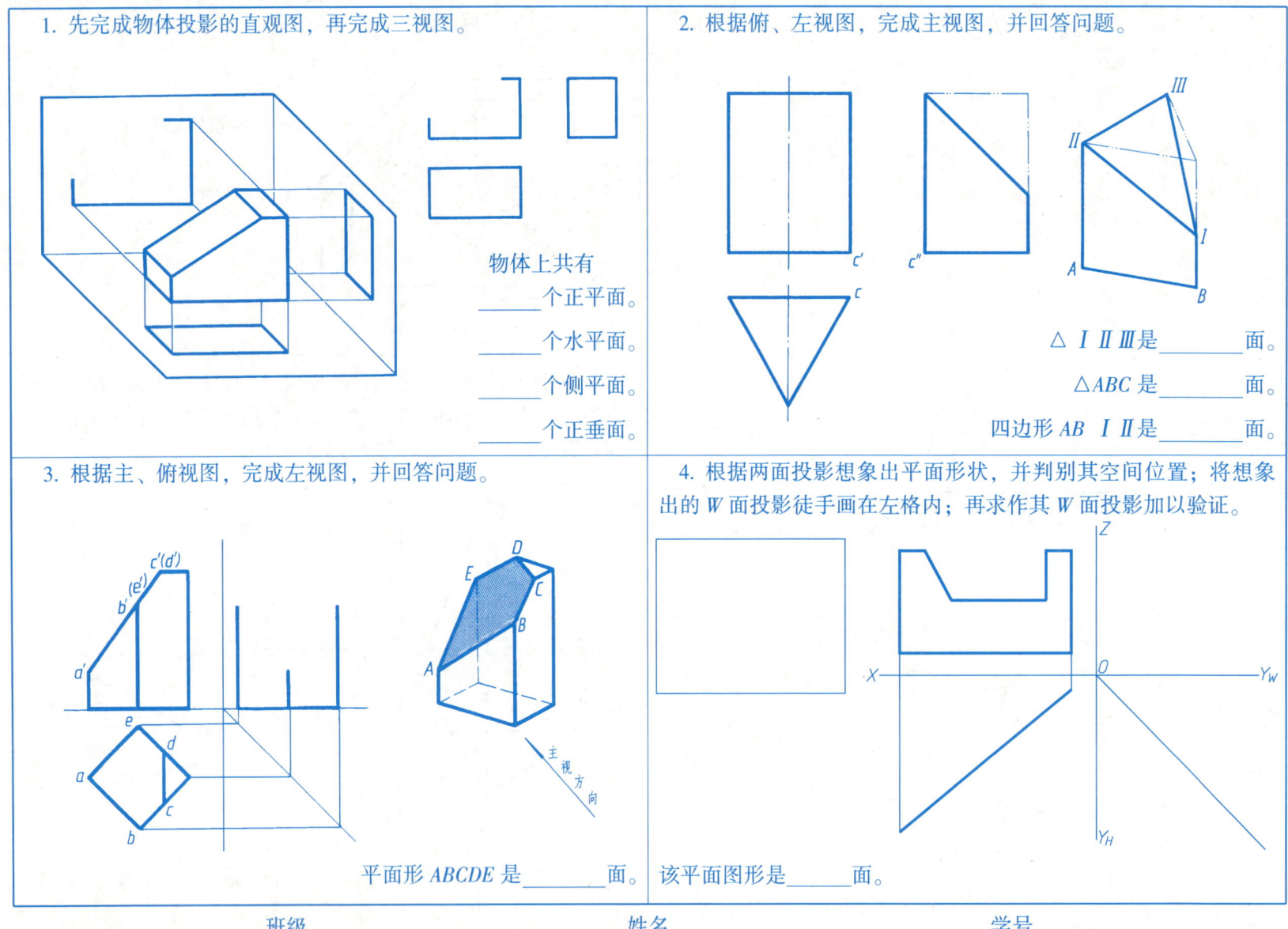

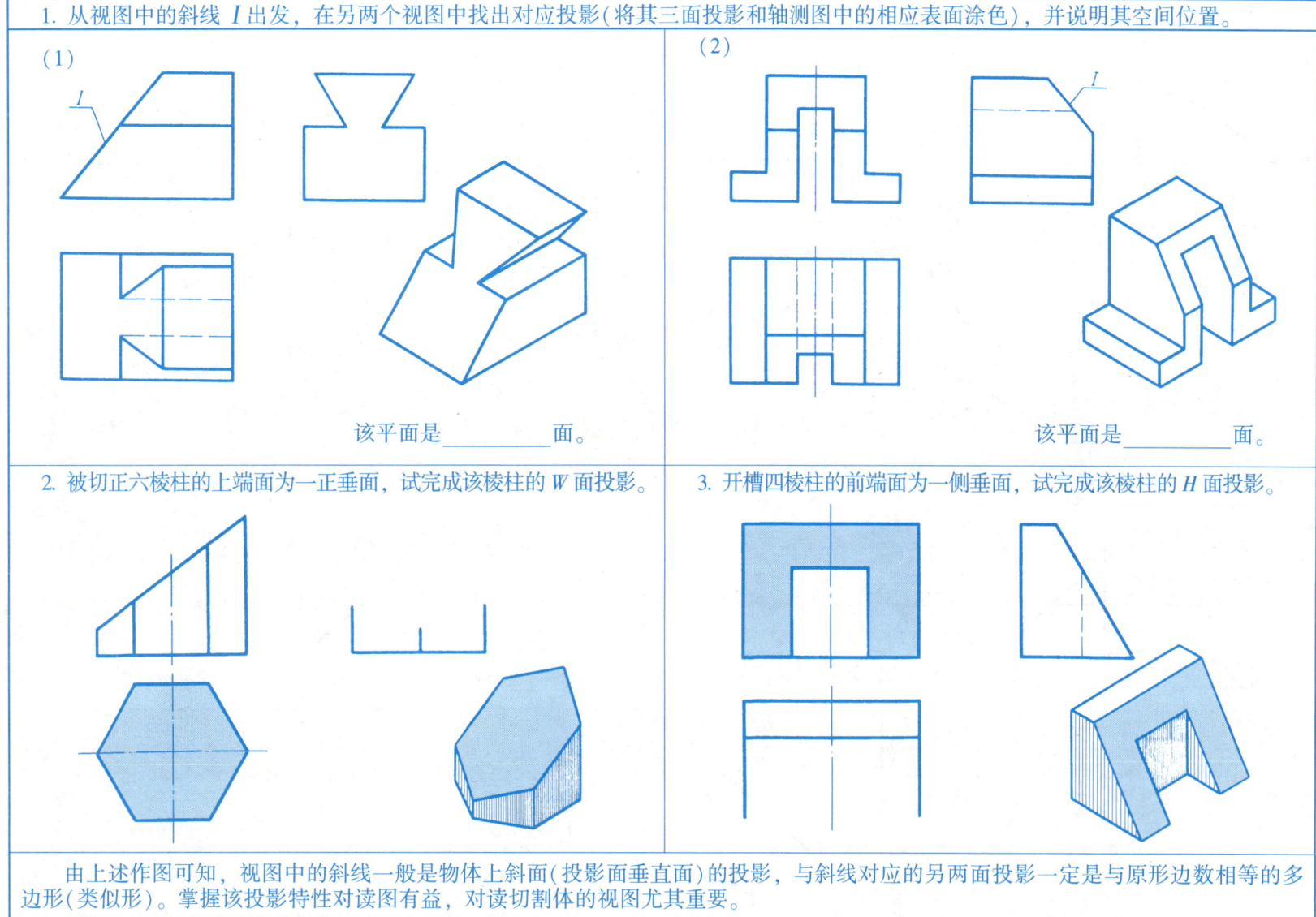

2-16 平面的投影。

1. 求下列平面形的第三投影。再以投影图中的平面形作为一完整视图，按厚度为15mm，完成该形体的另两视图及其正等测。

2. 求侧垂面的 H 面投影。

3. 根据投影面垂直面的积聚性投影，求另两面投影（平面形的形状自定，不应重样）。

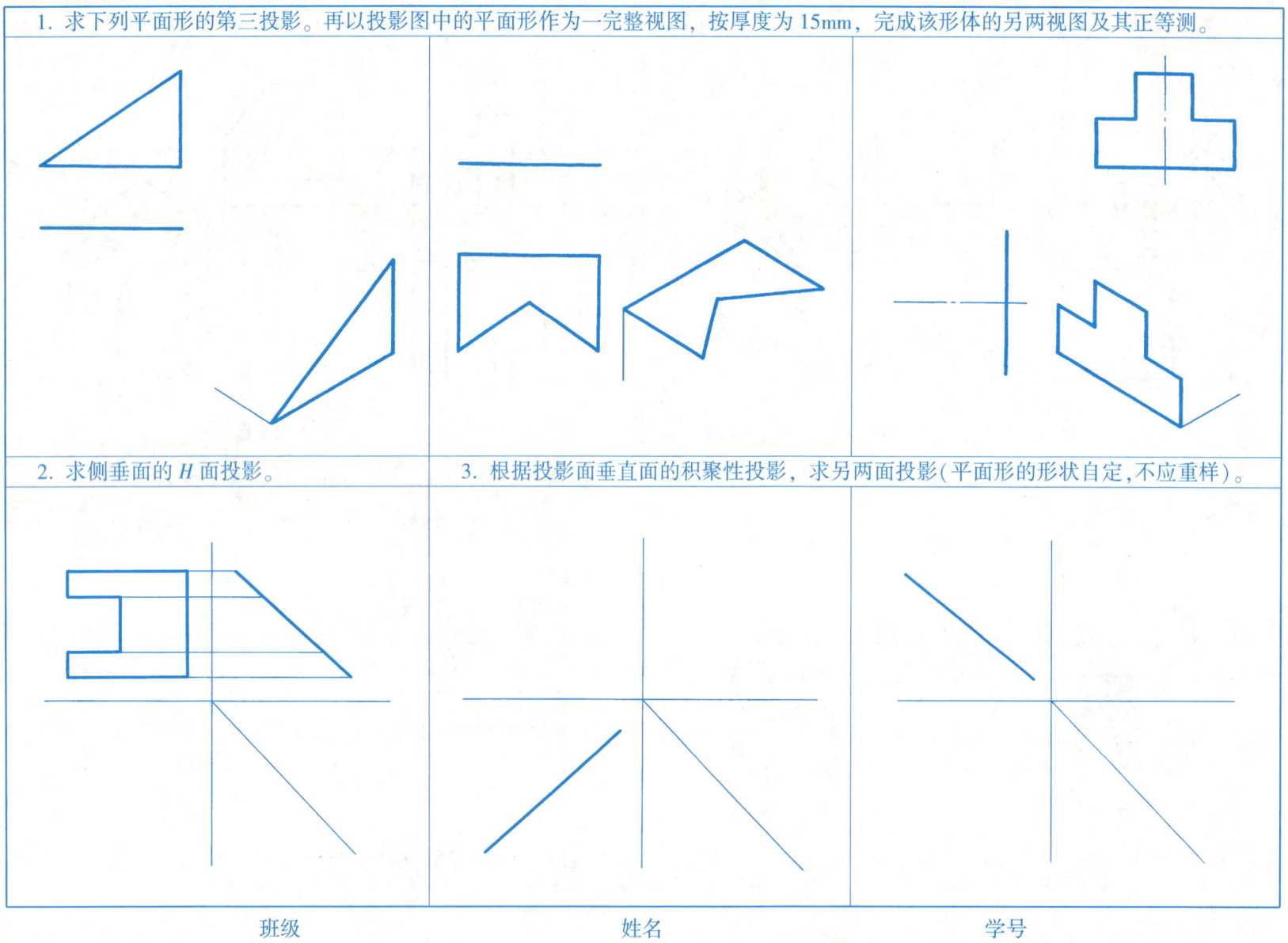

班级　　　　　　　　　　姓名　　　　　　　　　　学号

2-17 根据三视图想象几何体形状；补画视图中所缺的图线；辨认其立体图（在括弧内填入相应三视图的编号）。

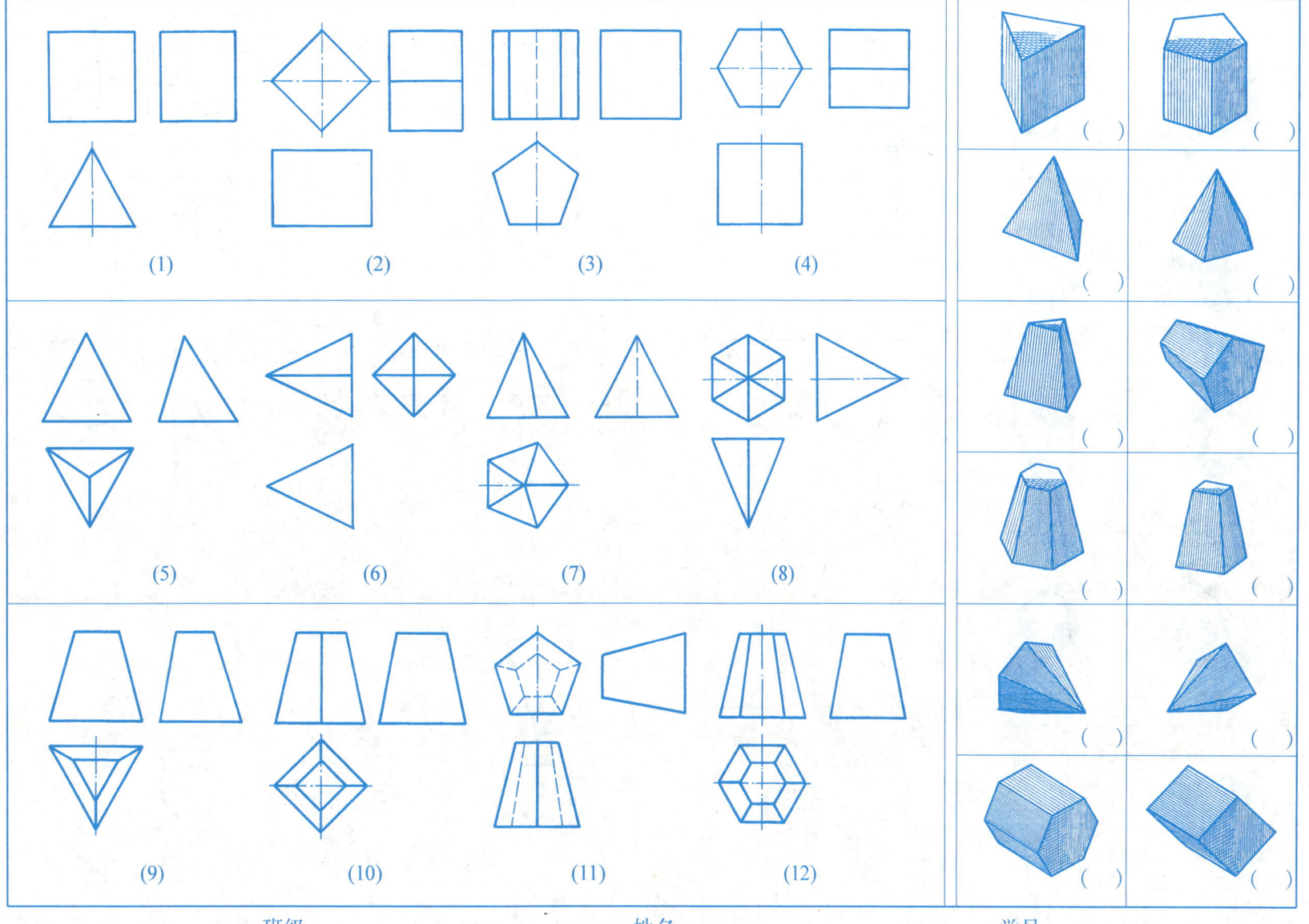

2-18 根据立体图想象出其三视图，再将它从右侧的三视图中找出来（在括弧内填入相应立体图的编号）。

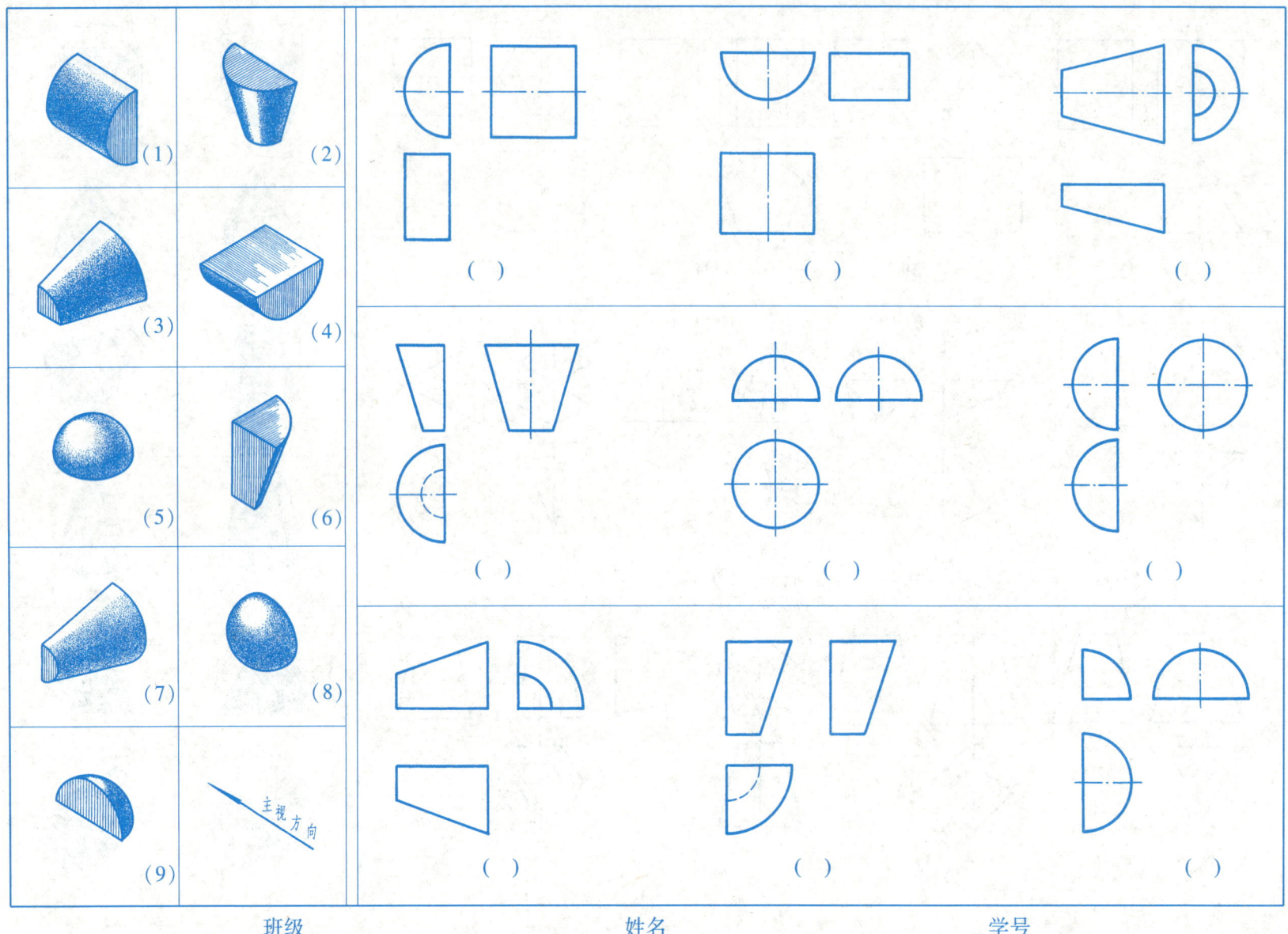

2-19 已知几何体表面上点的一面投影,求作另两面投影。

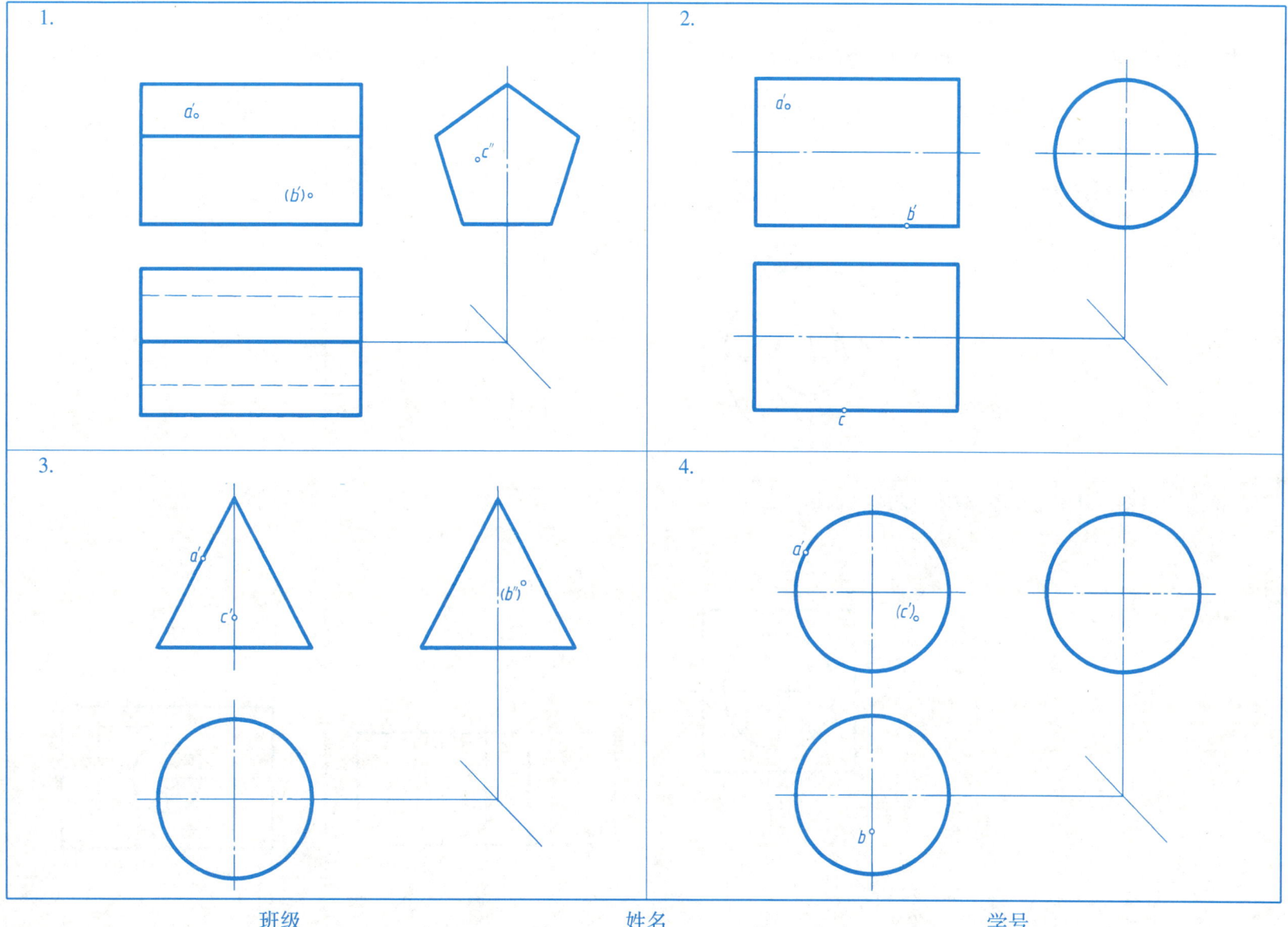

2-20 识读一面视图。

1. 根据主视图,补画俯视图(该体由两个几何体组成)。

2. 根据俯视图,补画主视图(该体由三个几何体组成)。

4. 根据俯视图构思物体形状,补画形状不同的主视图(看谁补得多)。

3. 根据左视图,补画主视图(该体由四个几何体组成)。

班级　　　　　　姓名　　　　　　学号

(续前页)

5. 根据主视图补画左视图(该体由三个几何体组成)。

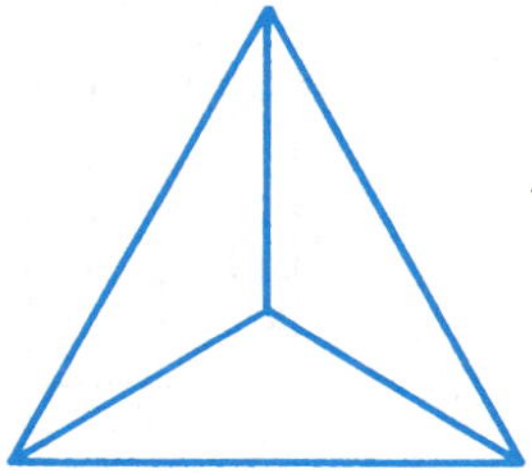

6. 根据左视图补画主视图和俯视图。

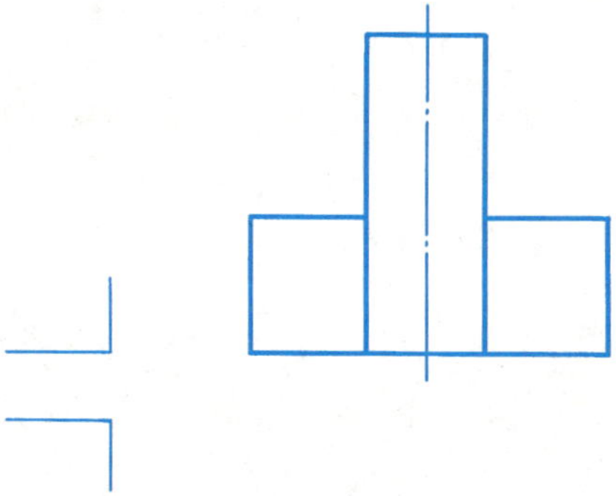

7. 根据俯视图补画主视图(要求:形体间以面接触,造型优美)。

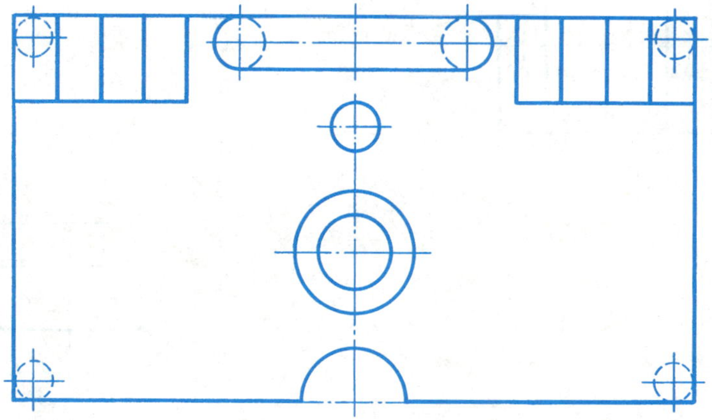

班级　　　　　　　　　姓名　　　　　　　　　学号

2-21 根据已知的一面视图,补画其他两面视图。

1. 已知主视图。	2. 已知俯视图。	3. 已知左视图。
4. 已知主视图。	5. 已知俯视图。	6. 已知左视图。

班级　　　　　　姓名　　　　　　学号

2-22 几何体的轴测图。

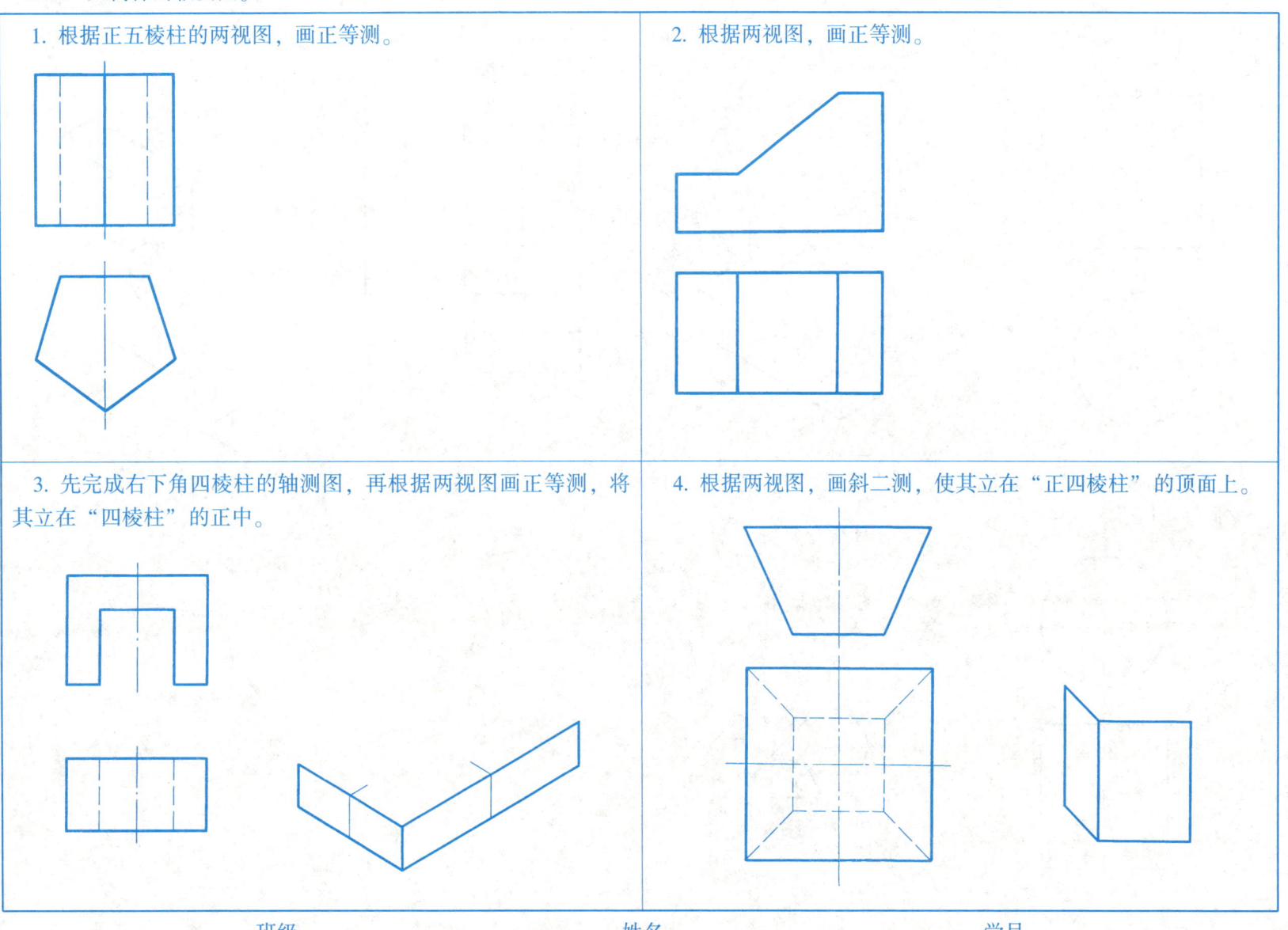

2-23 几何体的轴测图。

1. 根据圆柱的两视图，画正等测，使其立在"四棱柱"的正中。

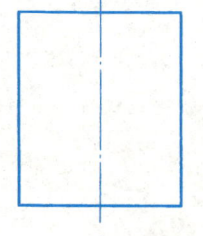
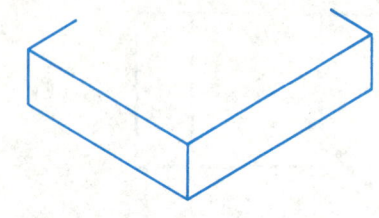

2. 根据圆柱的两视图，画斜二测，使其位于"小圆柱"后，并与之同轴、相接。

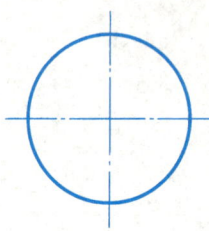
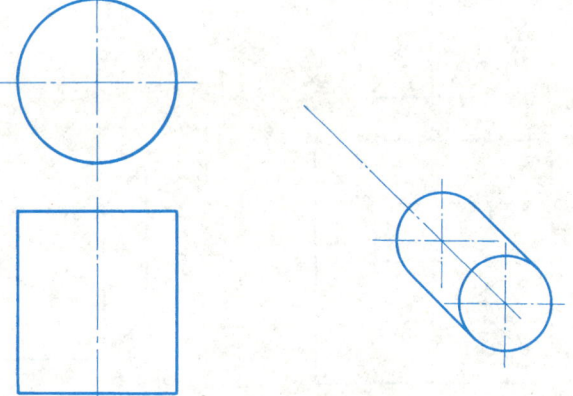

3. 根据正等测完成三视图，再根据三视图按 2∶1 在下面的定位处画出其正等测。

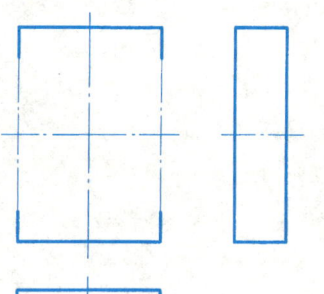
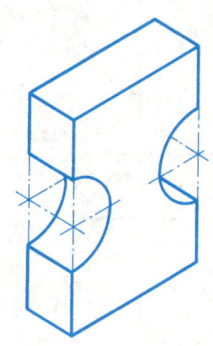

班级　　　　　姓名　　　　　学号

2-24 根据物体某一表面(上面、前面或左面)的轴测投影,徒手完成该物体的轴测图(另一轴向尺寸在图中已通过不同形式给定)。

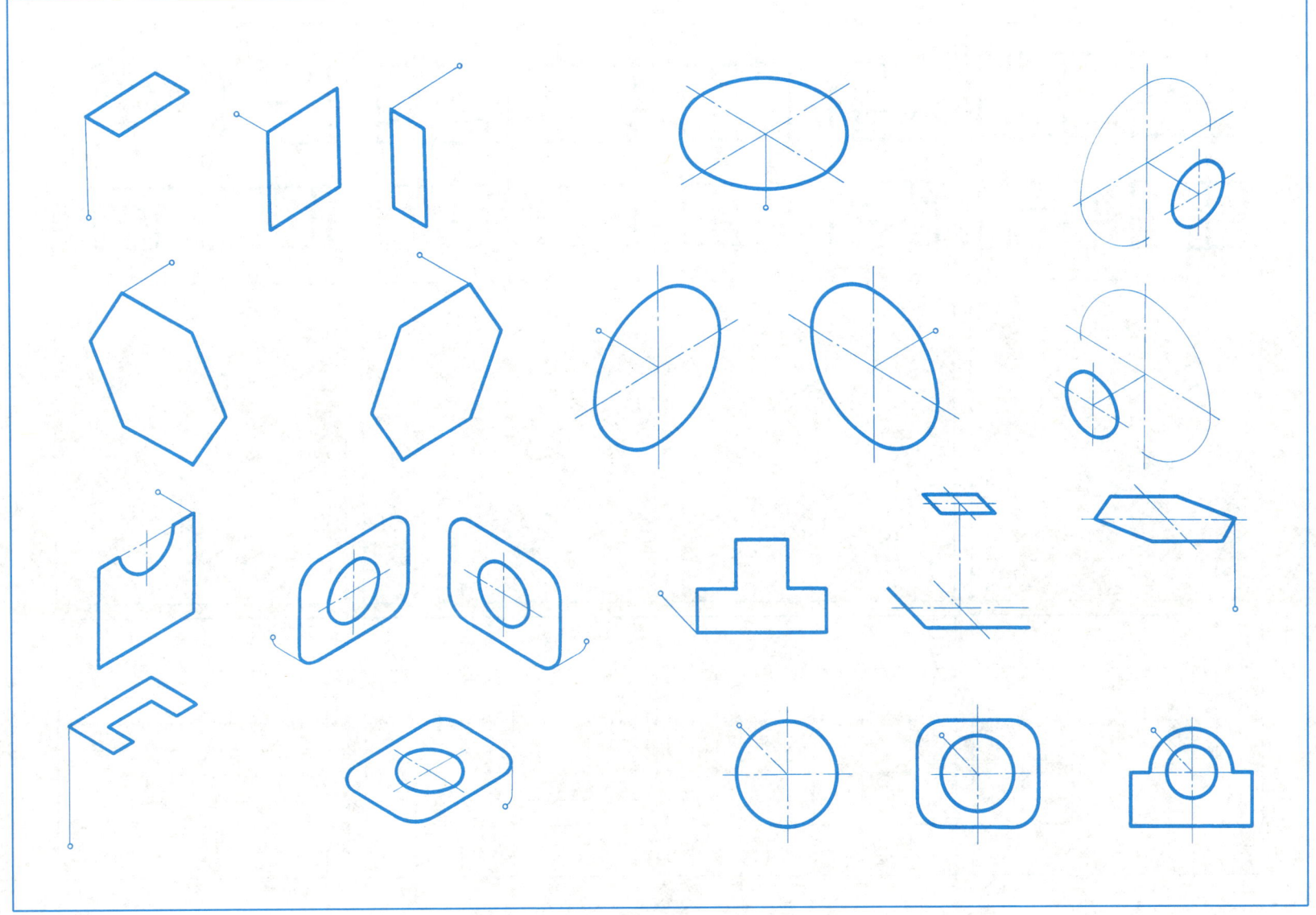

2-25 根据两视图徒手画轴测图(斜格上方的四组图中:每组左侧的两视图画正等测,右侧的两视图画斜二测)。

班级　　　　　　姓名　　　　　　学号

三、立体的表面交线   3-1 根据给出的视图，补画缺线或补画视图，完成三视图。

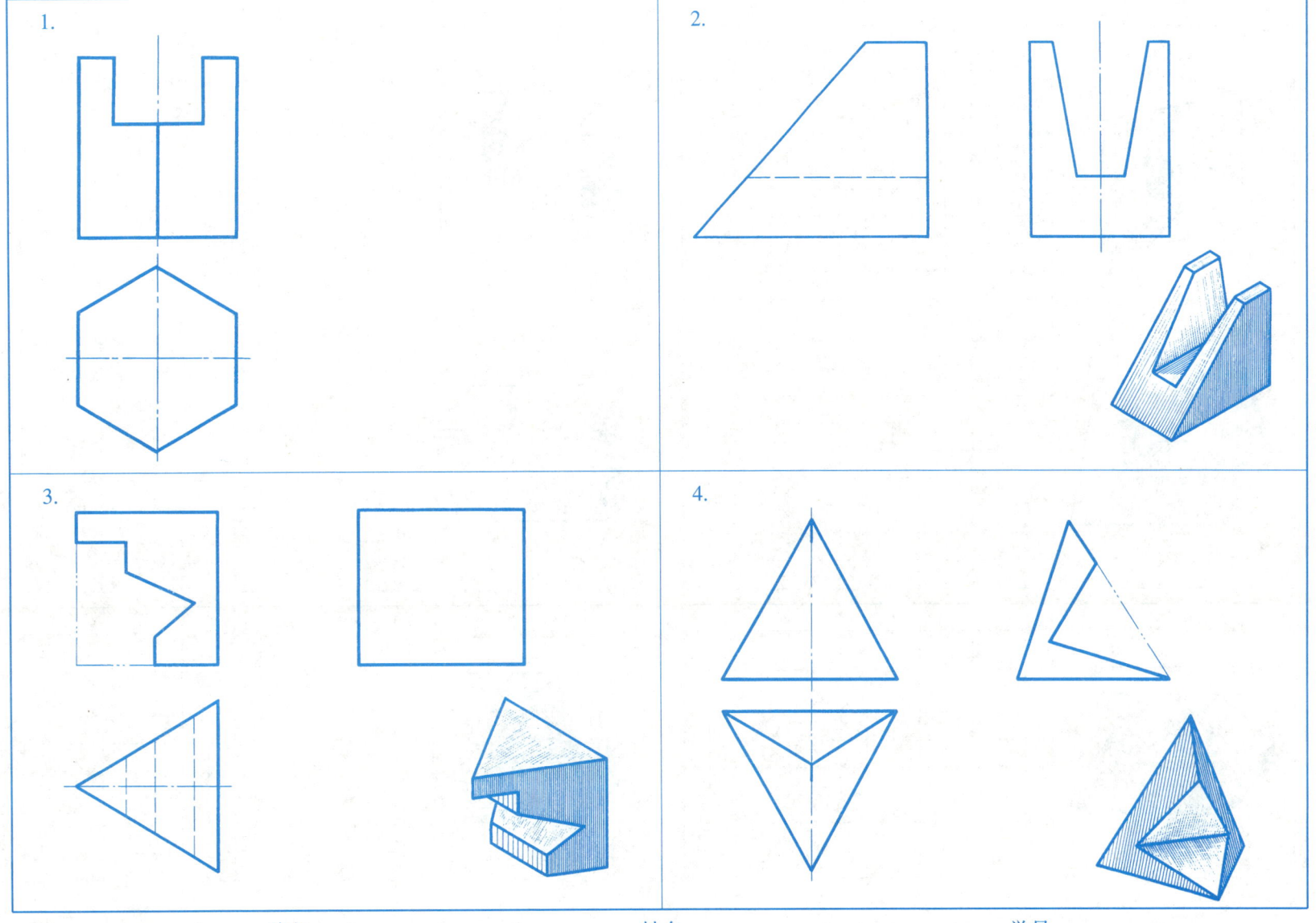

3-2 根据轴测图，在方格内徒手画出其三视图。

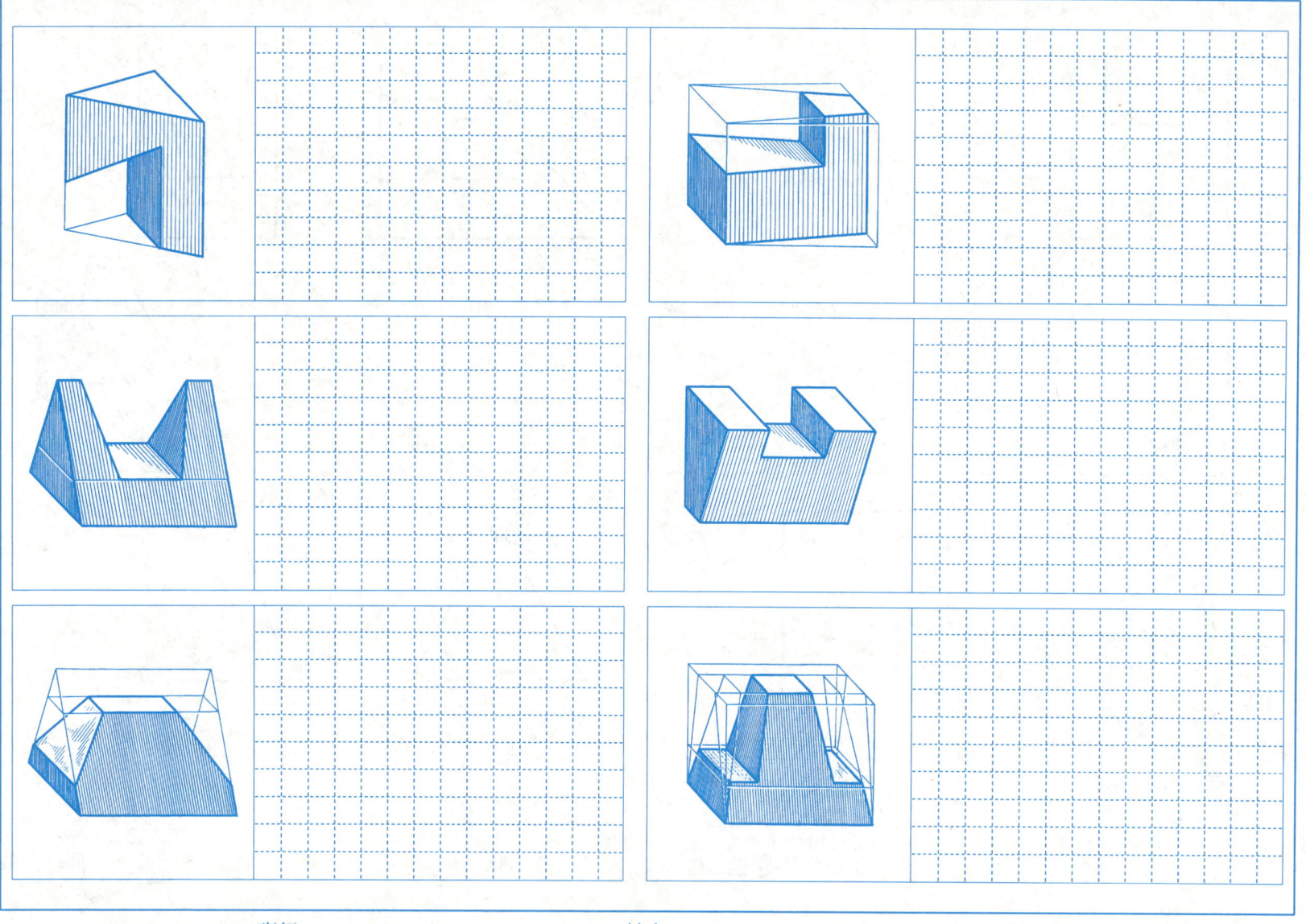

班级　　　　　　　姓名　　　　　　　学号

3-3 根据两视图，补画所缺的第三视图。

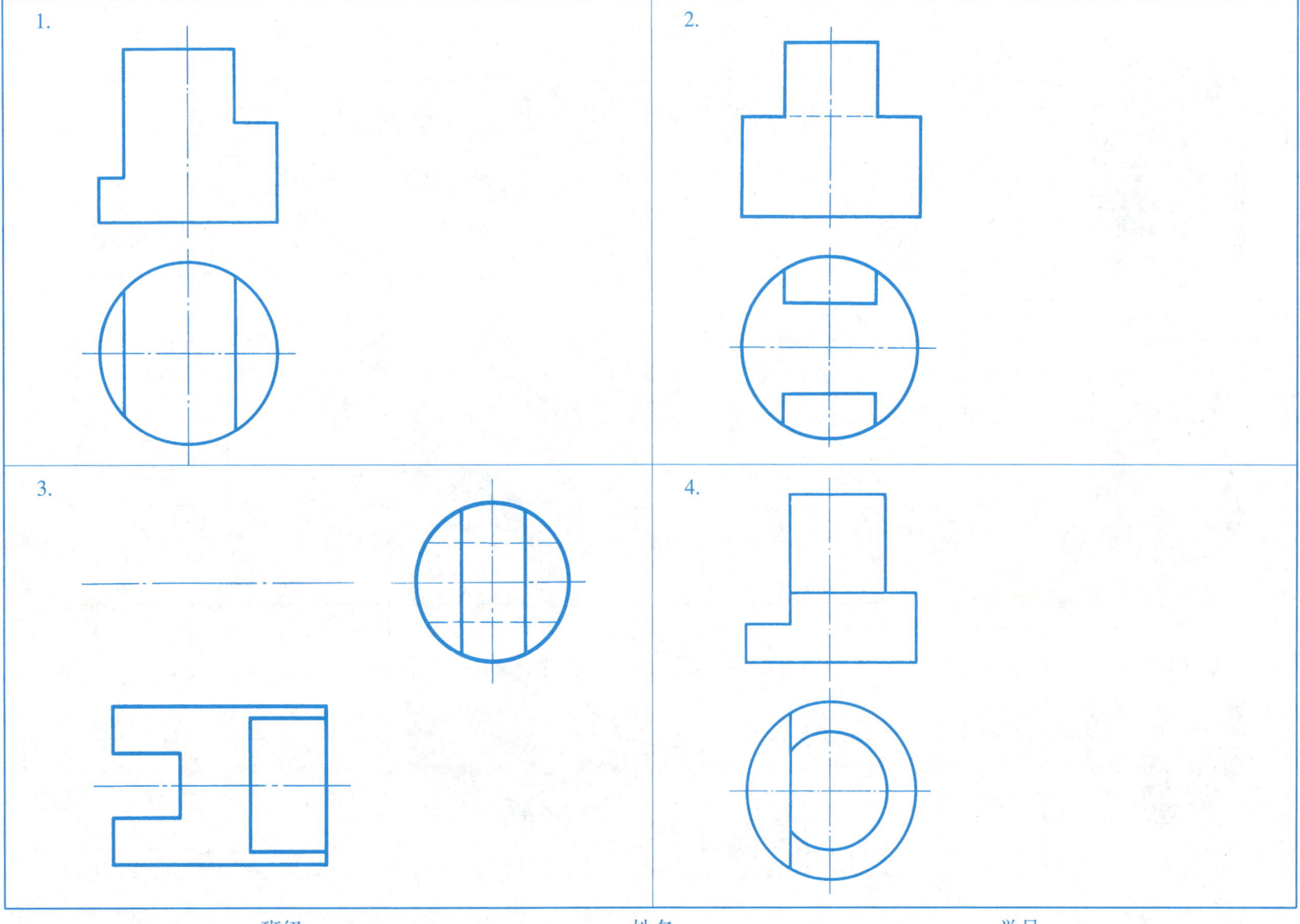

3-4 根据轴测图，在方格内徒手画出其三视图。

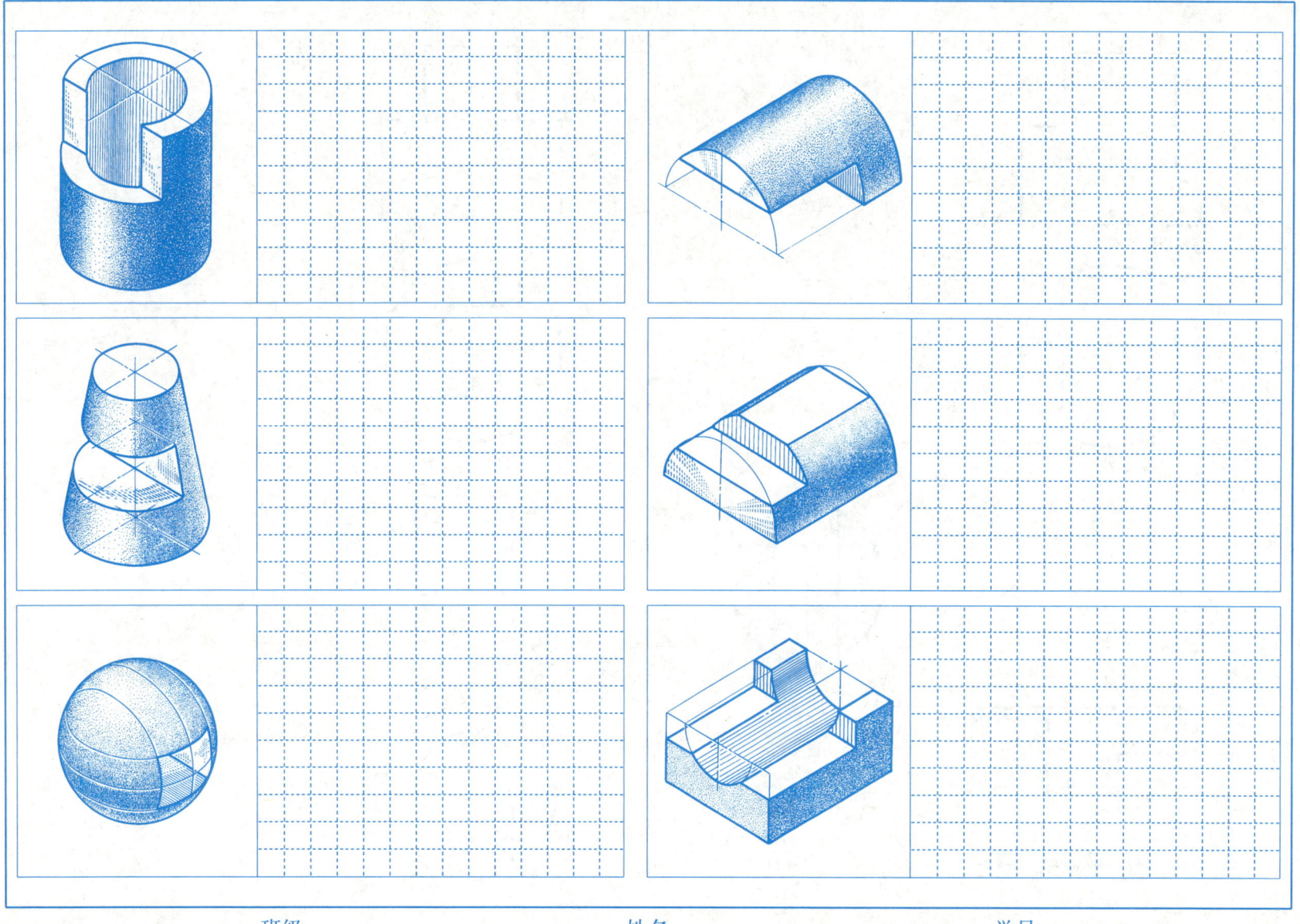

班级　　　　　　　　姓名　　　　　　　　学号

3-5 相贯线的投影。

1. 求相贯线的投影(求出四个一般位置点的投影,保留作图线)。

2. 用近似画法求出相贯线的投影。

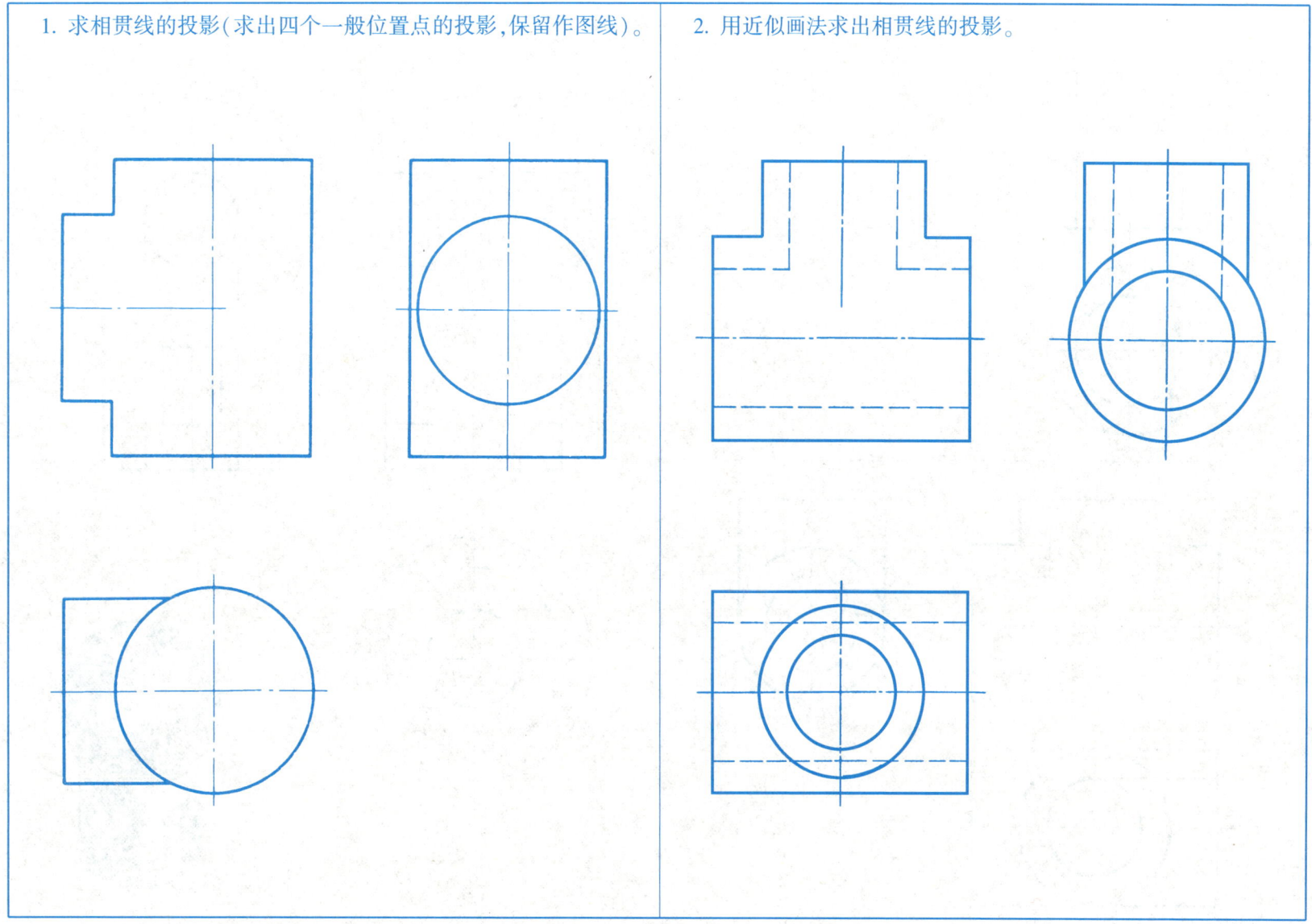

3-6 补画所缺视图或完成三视图。

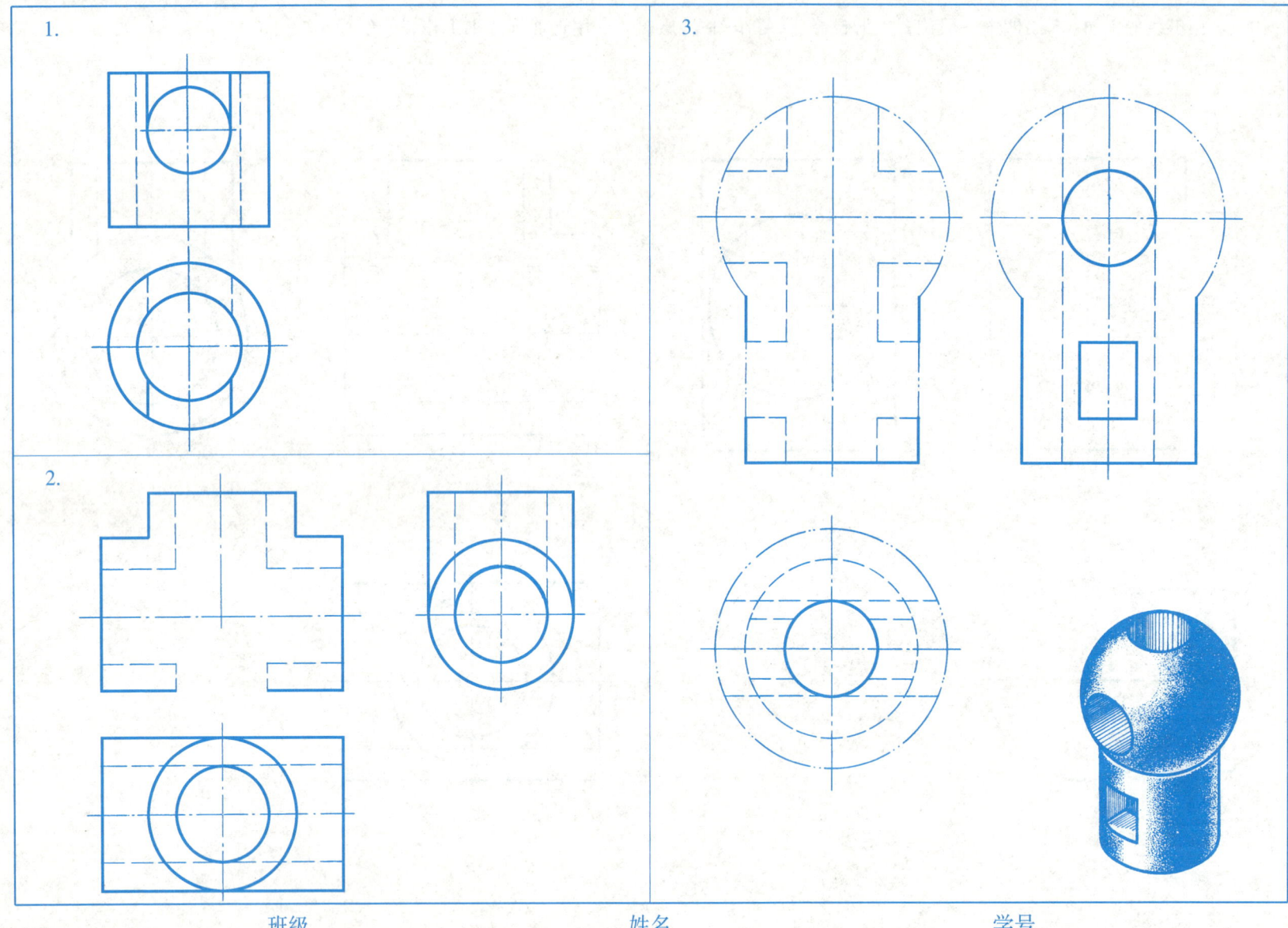

四、组合体   4-1 根据轴测图,徒手补全视图中所缺的图线。

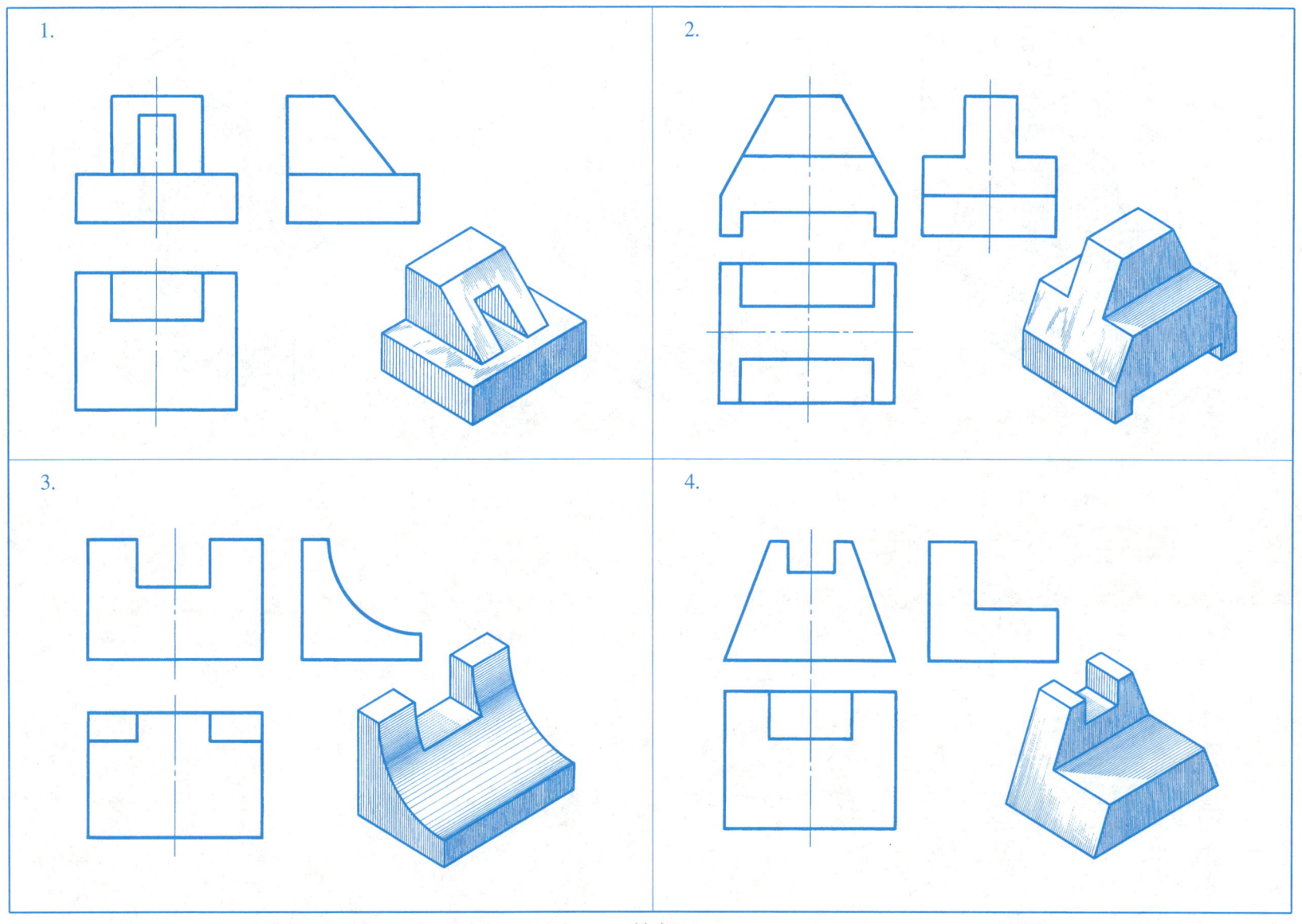

4-2　根据轴测图上标注的尺寸，按 1：1 的比例画出三视图（由教师选定两题）。

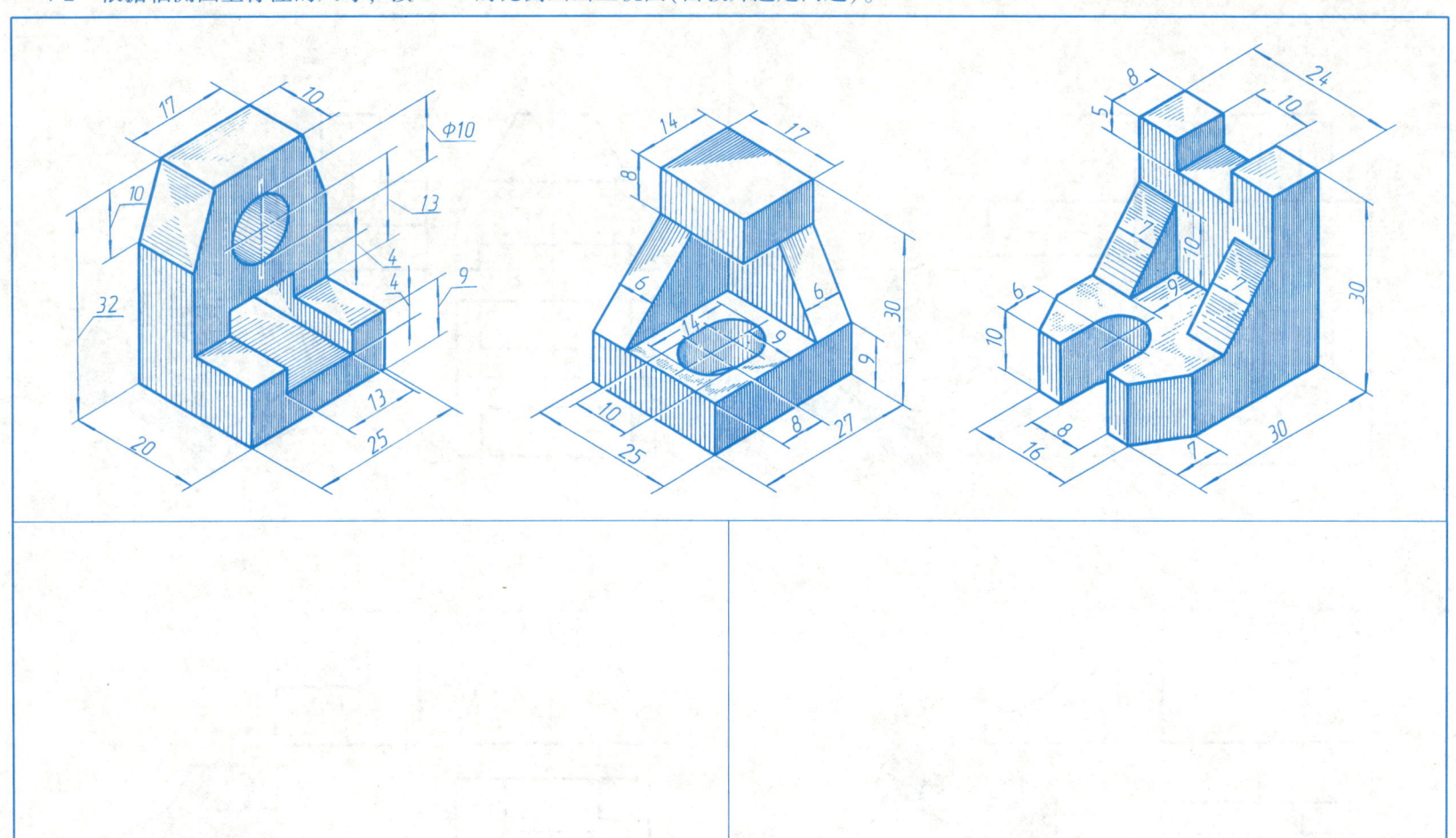

4-3 补画视图中所缺的图线。

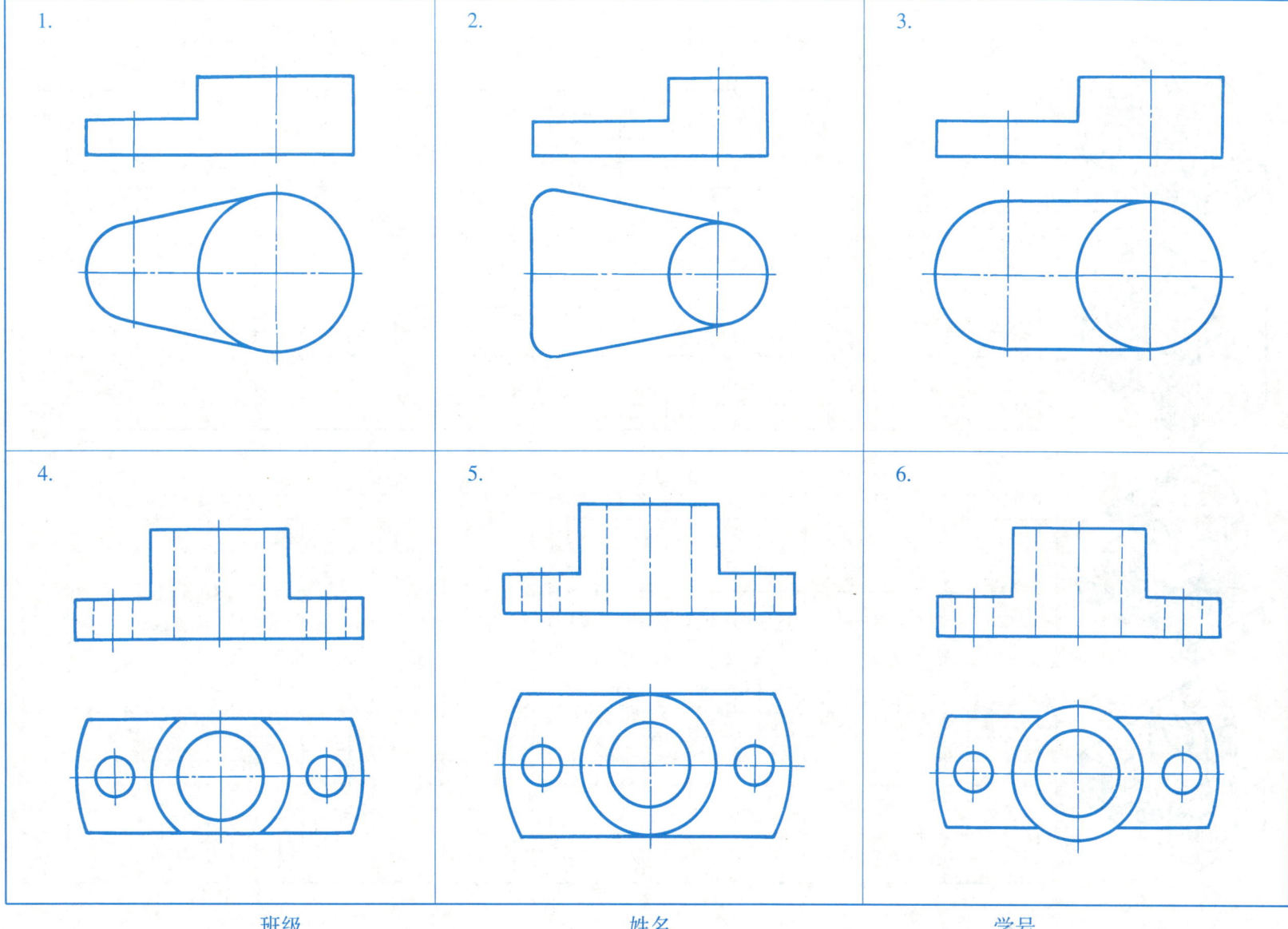

4-4 根据轴测图，徒手画出其三视图。

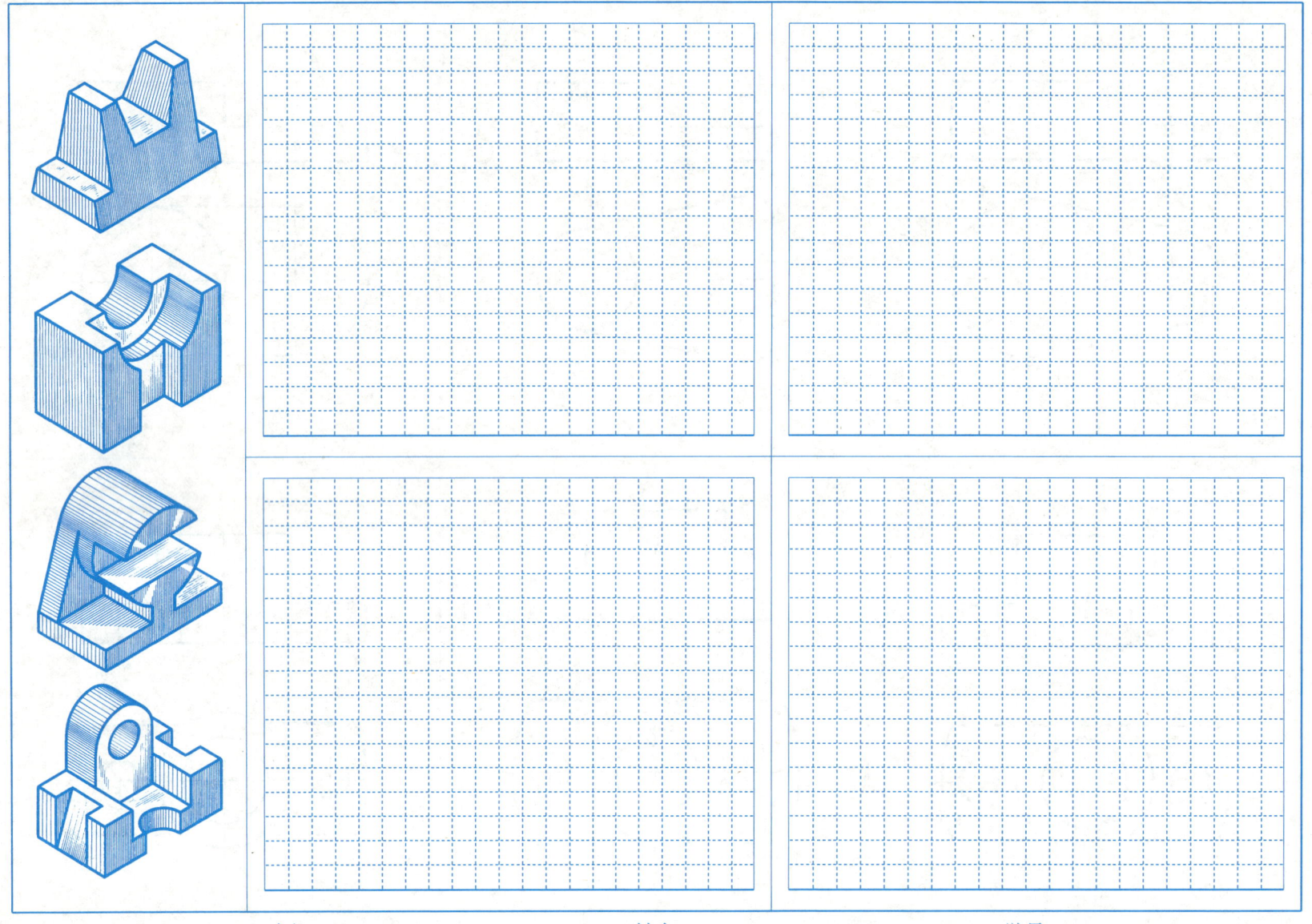

班级　　　　　　姓名　　　　　　学号

4-5 根据三视图，画正等测（尺寸从图中量取）。

1. 比例为 1：1。

2. 比例为 2：1。

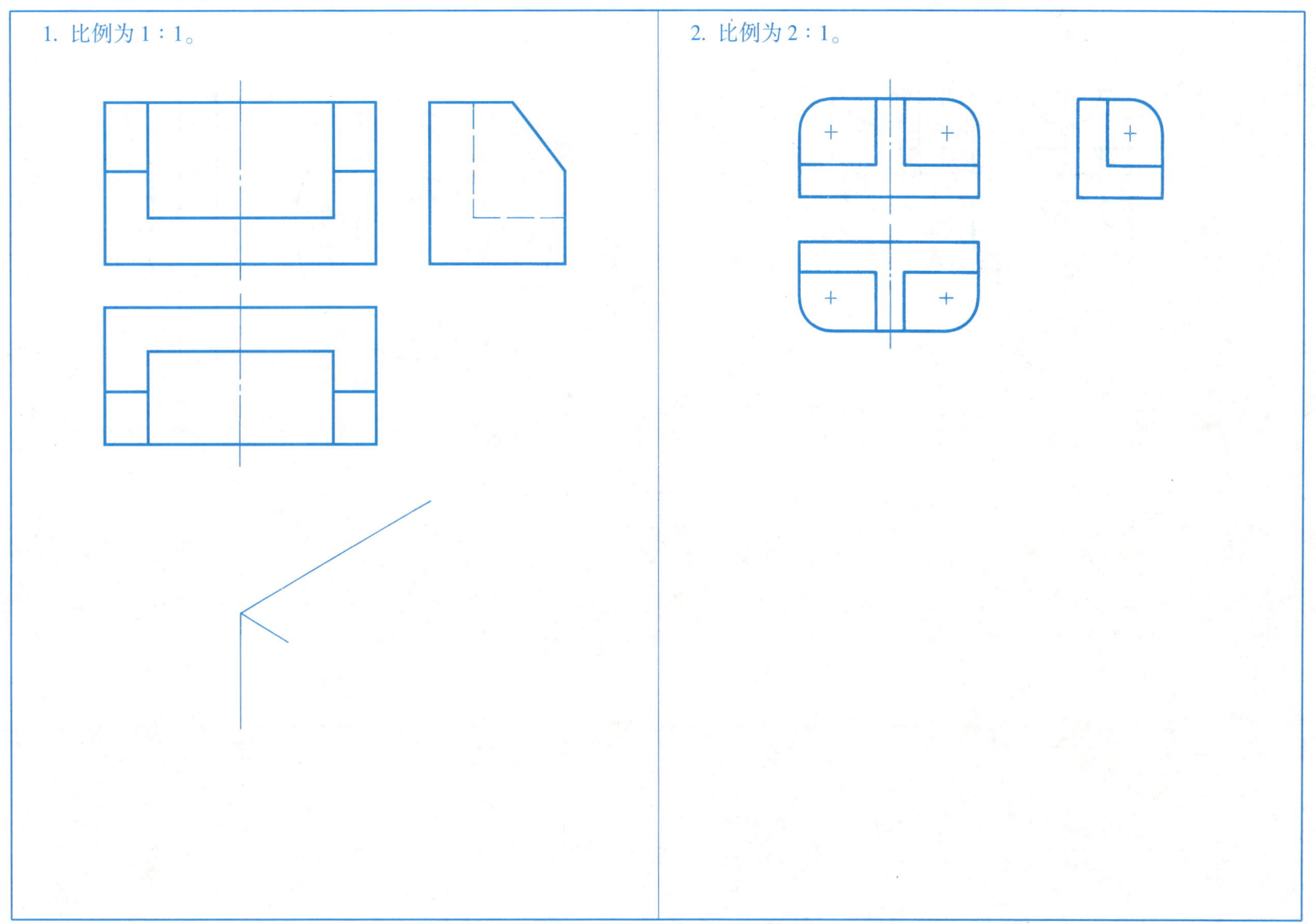

班级　　　　　　　　姓名　　　　　　　　学号

4-6 根据给定视图，画轴测图。

1. 画正等测（比例为 2∶1）。

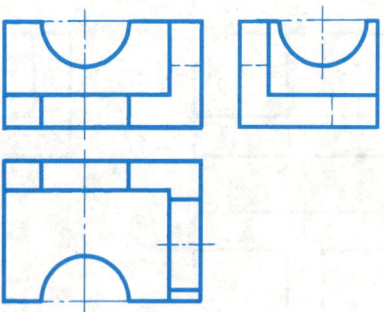

2. 画斜二测（比例为 1∶1）。

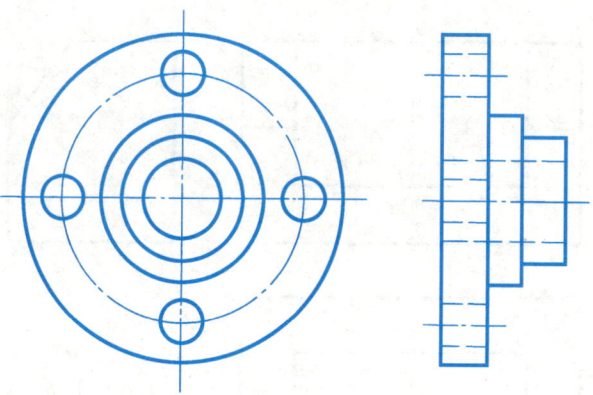

班级　　　　　　　　姓名　　　　　　　　学号

4-7 指出视图中重复或多余的尺寸（打叉），并标注遗漏的尺寸（不注尺寸数字）。

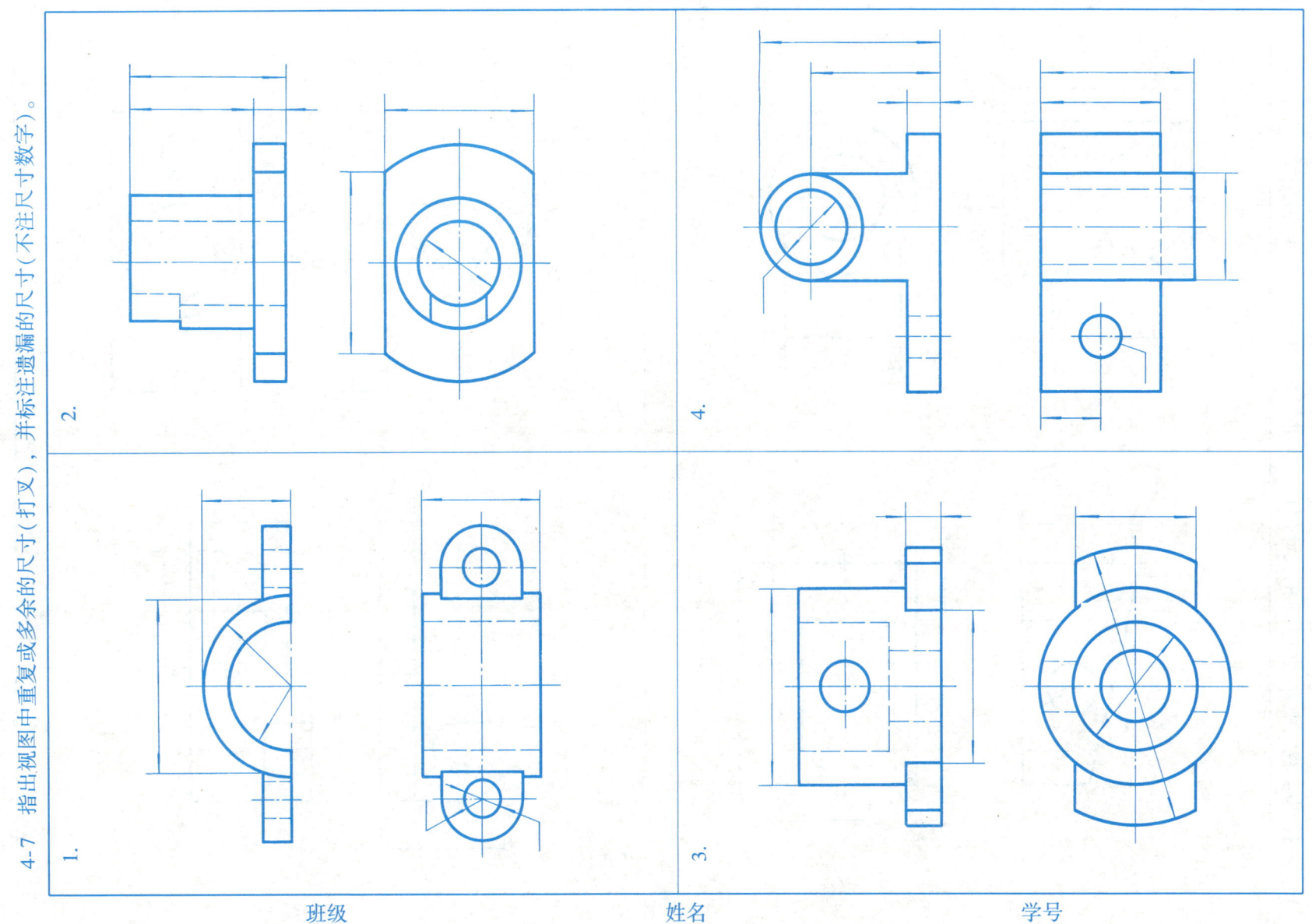

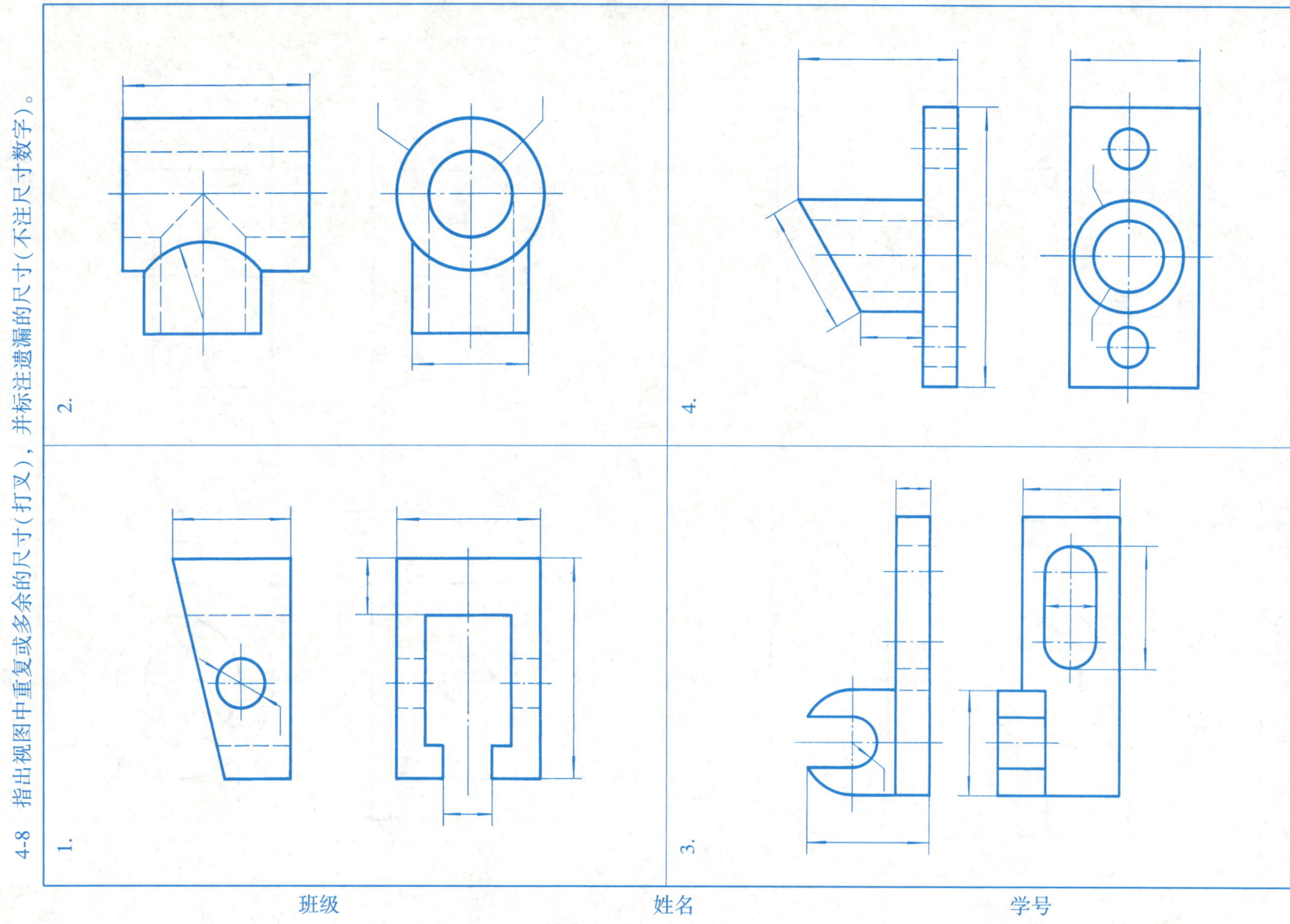

4-9 标注尺寸(尺寸数值从图中量取整数)。

1.

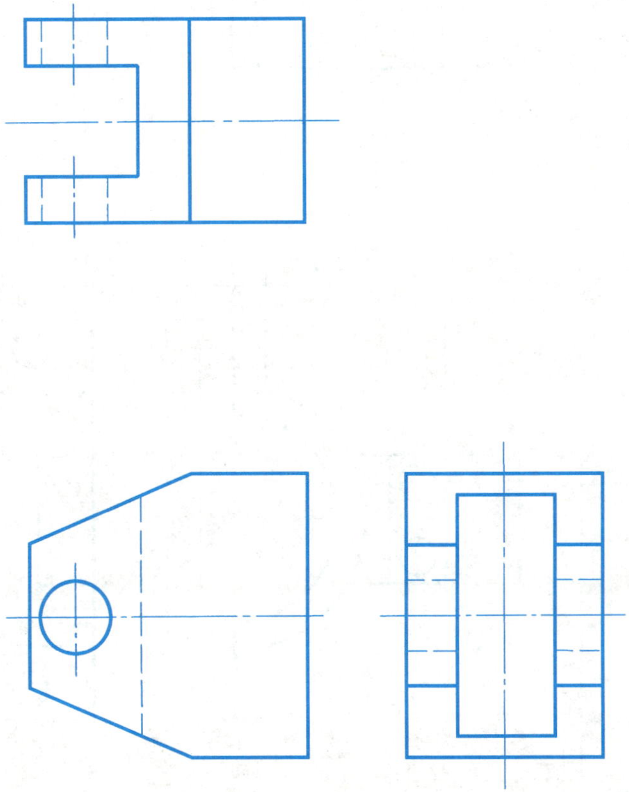

2.

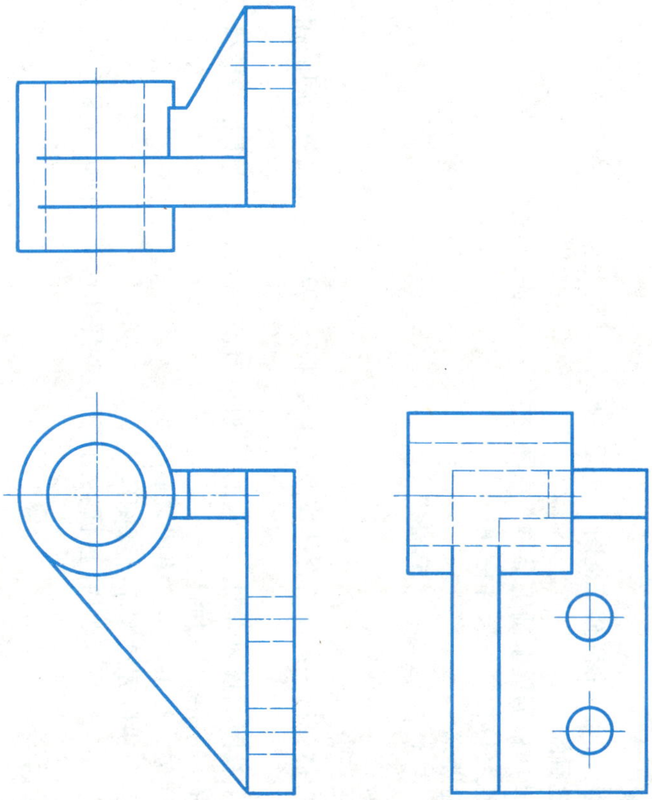

班级　　　　　　　姓名　　　　　　　学号

53

作业 3 组合体三视图

一、作业内容

根据模型（或轴测图）画三视图，并标注尺寸。

二、作业目的

1. 初步掌握根据组合体模型画组合体三视图的方法，提高绘图技能。
2. 练习组合体视图的尺寸标注。

三、作业要求

1. 用 A3 图纸或 A4 图纸，横放。
2. 自己选定绘图比例。

四、作图步骤

1. 运用形体分析法搞清组合体模型的组成部分以及各组成部分之间的相对位置和组合关系。
2. 选取主视图的投射方向，所选的主视图应能最明显地表达模型的形状特征。
3. 起底稿（底稿线要细而轻）。
4. 检查底稿，修正错误，擦掉多余图线。
5. 按前面所讲的要求顺序描深图线。
6. 标注尺寸，填写标题栏（根据轴测图画三视图时，不能将轴测图上所注的尺寸照搬，应按标注尺寸的要求进行）。

五、注意事项

1. 布置视图时，要留出标注尺寸的位置。
2. 必须运用形体分析法，并按三类尺寸的要求标注尺寸，尺寸的布置要清晰。
3. 度量尺寸时所得的小数要化为整数。
4. 用标准字体填写尺寸数字和标题栏。

六、图例

4-10 "组合体三视图"作业指导书。

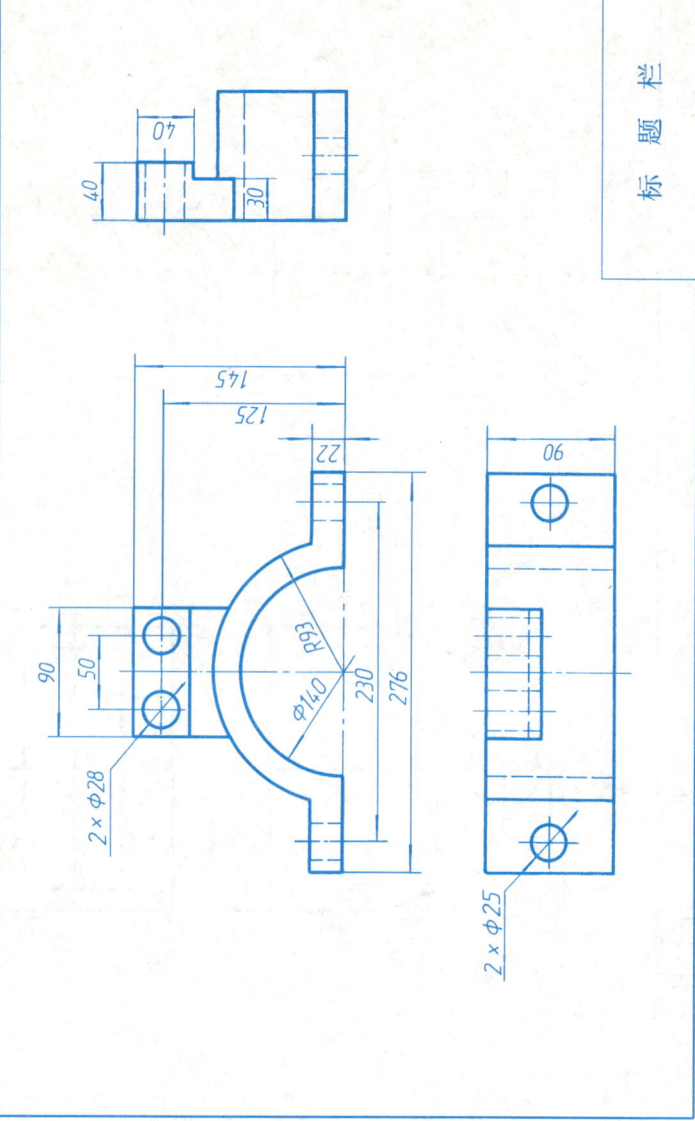

标题栏

班级　　　姓名　　　学号

4-11 根据轴测图画三视图并标注尺寸。

1.

2.

班级　　　　　　　　姓名　　　　　　　　学号

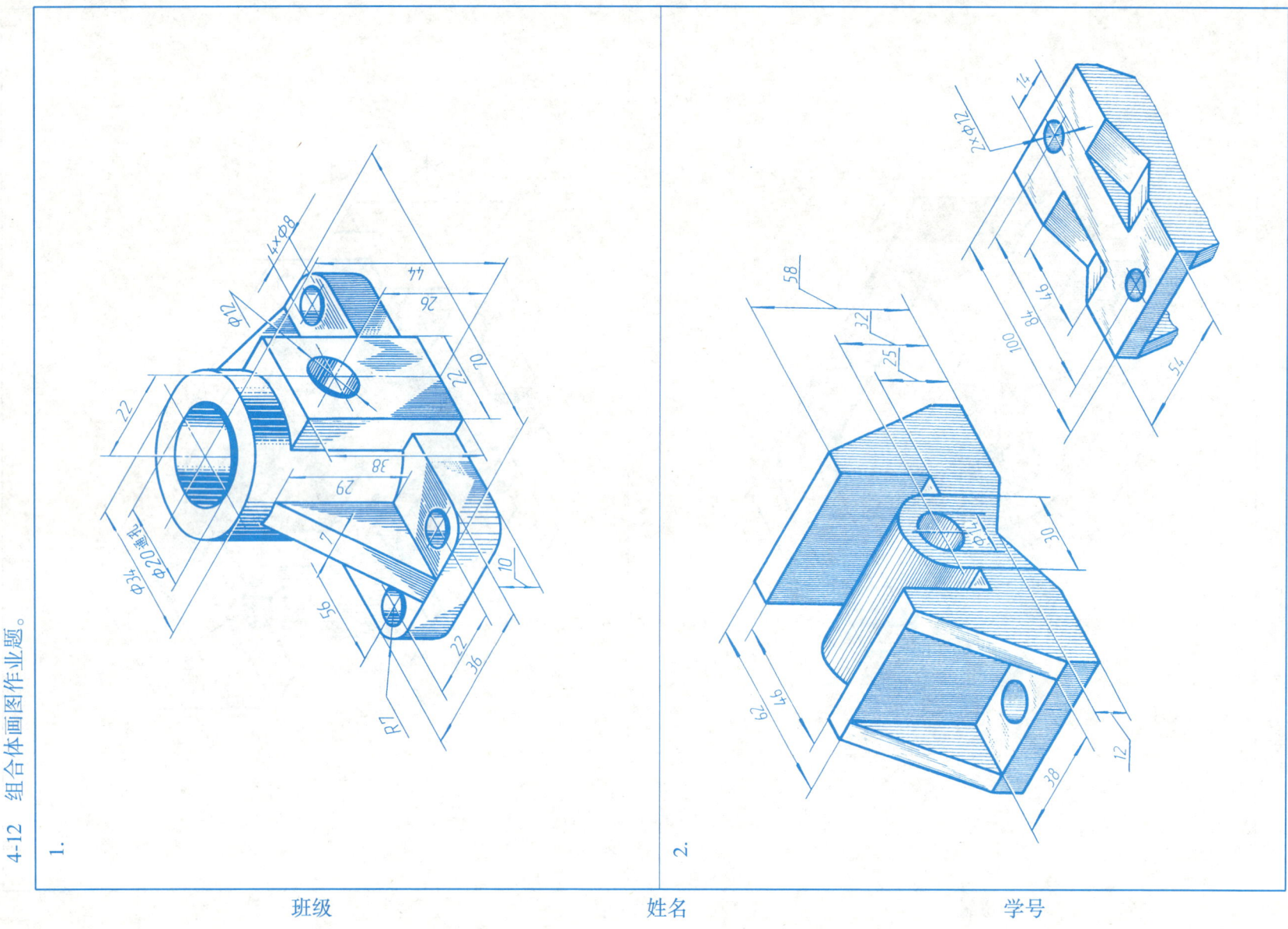

4-13 画组合体三视图作业题。

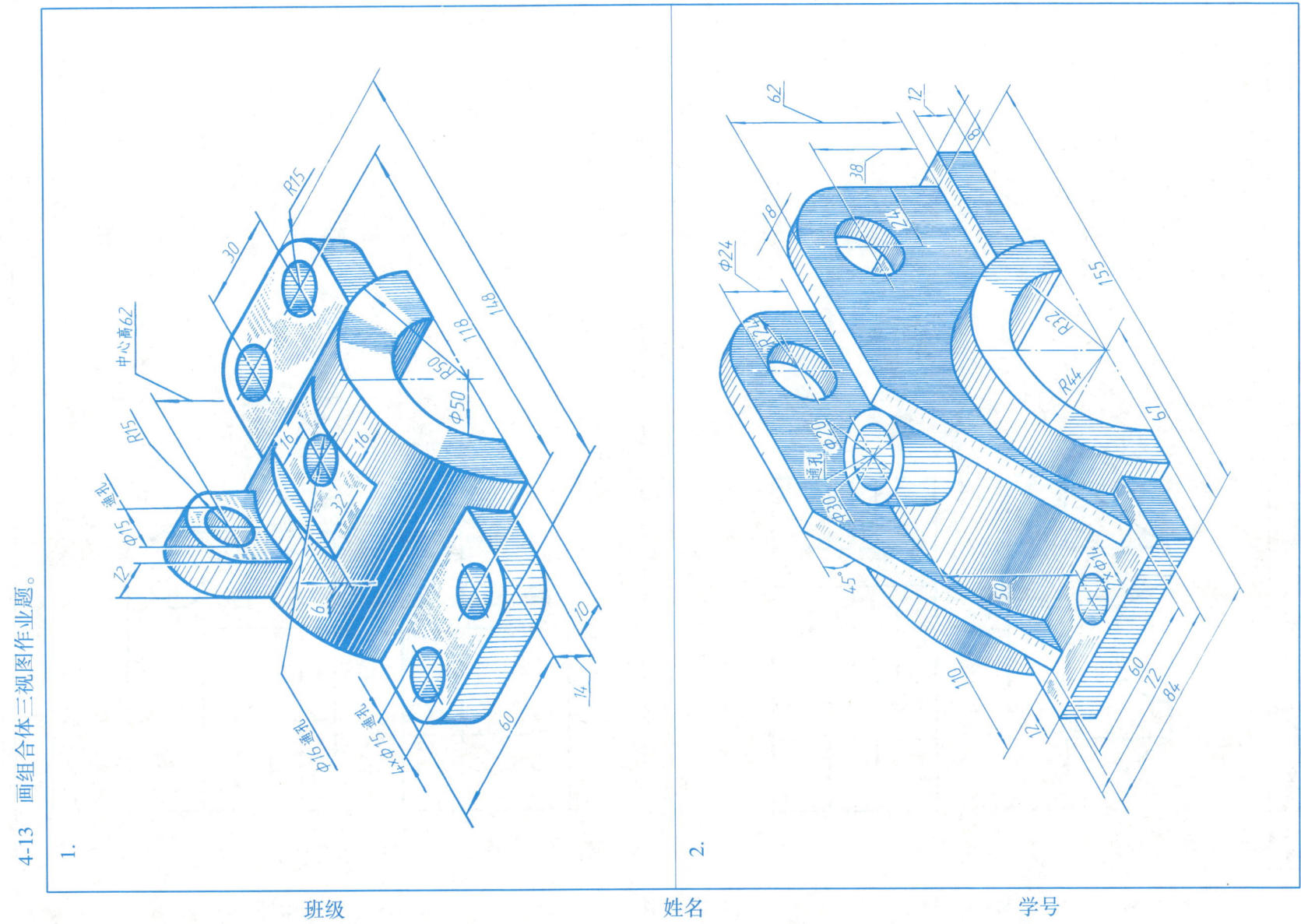

1.

2.

班级　　　　　　　　　姓名　　　　　　　　　学号

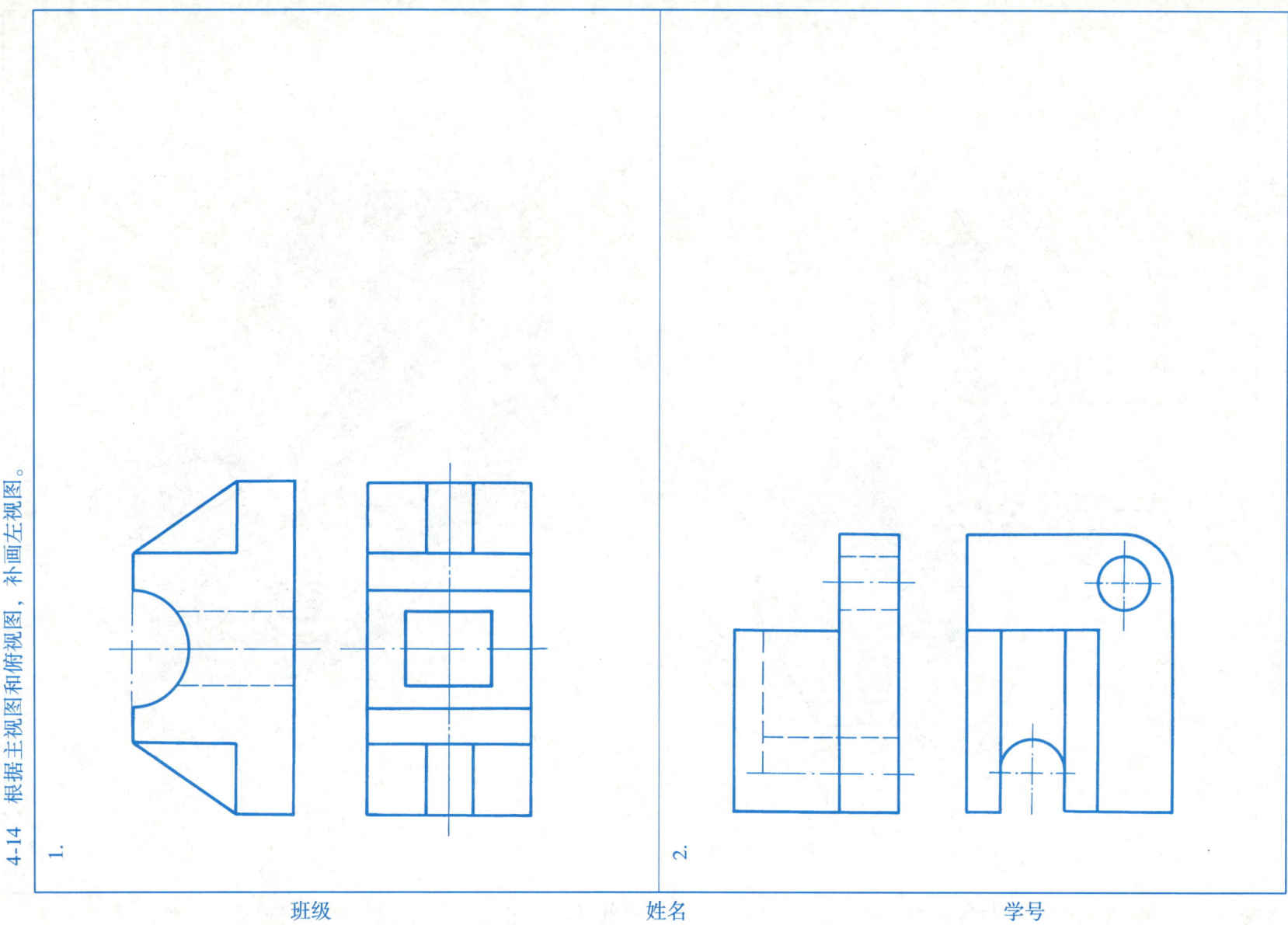

4-14 根据主视图和俯视图，补画左视图。

1.

2.

4-15 根据主视图和左视图，补画俯视图。

1.

2.

班级　　　　　　　　姓名　　　　　　　　学号

4-16 根据俯视图和左视图，补画主视图。

1.

2.

4-17 徒手补画视图中所缺的图线。

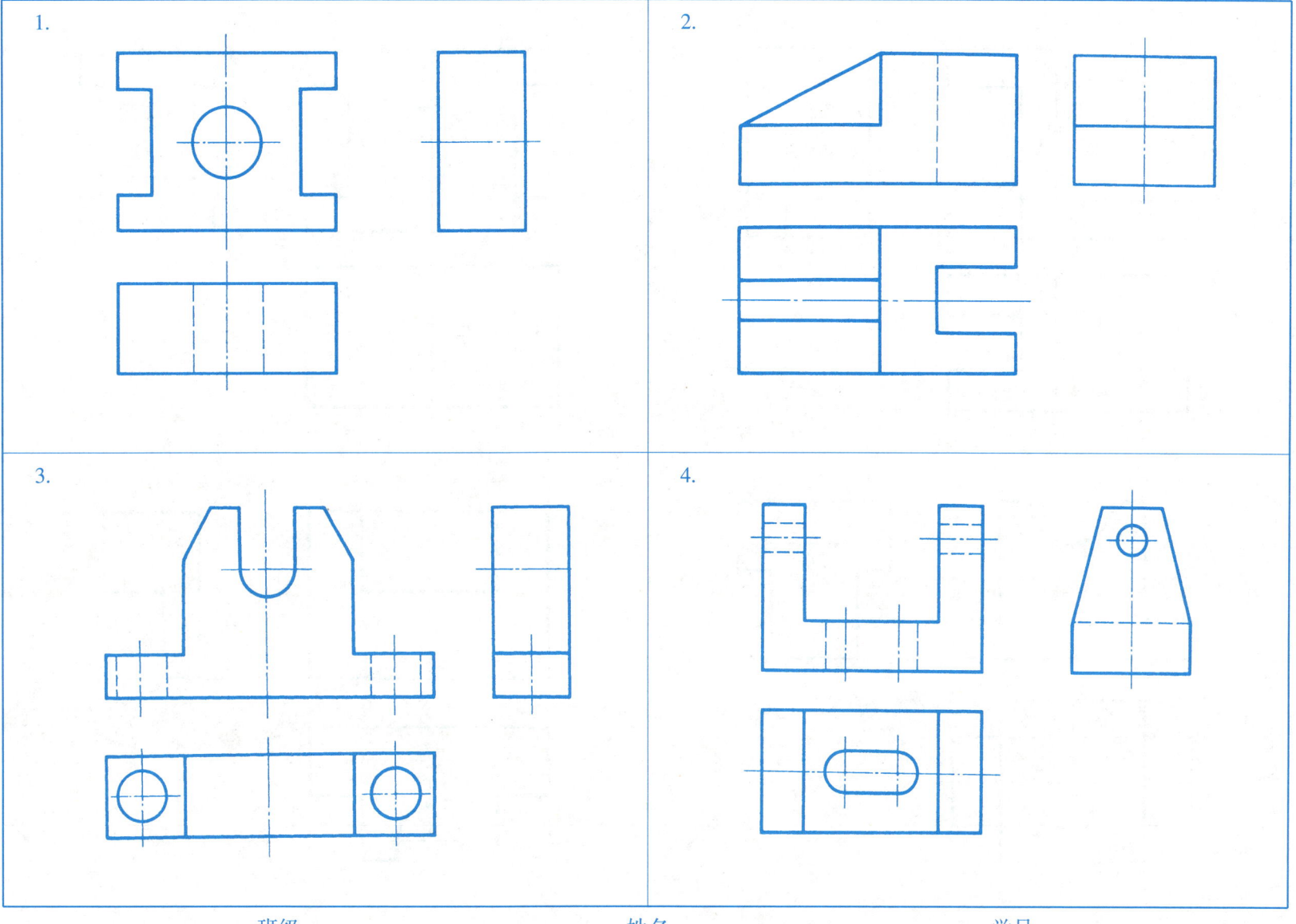

4-18 徒手补画视图中所缺的图线。

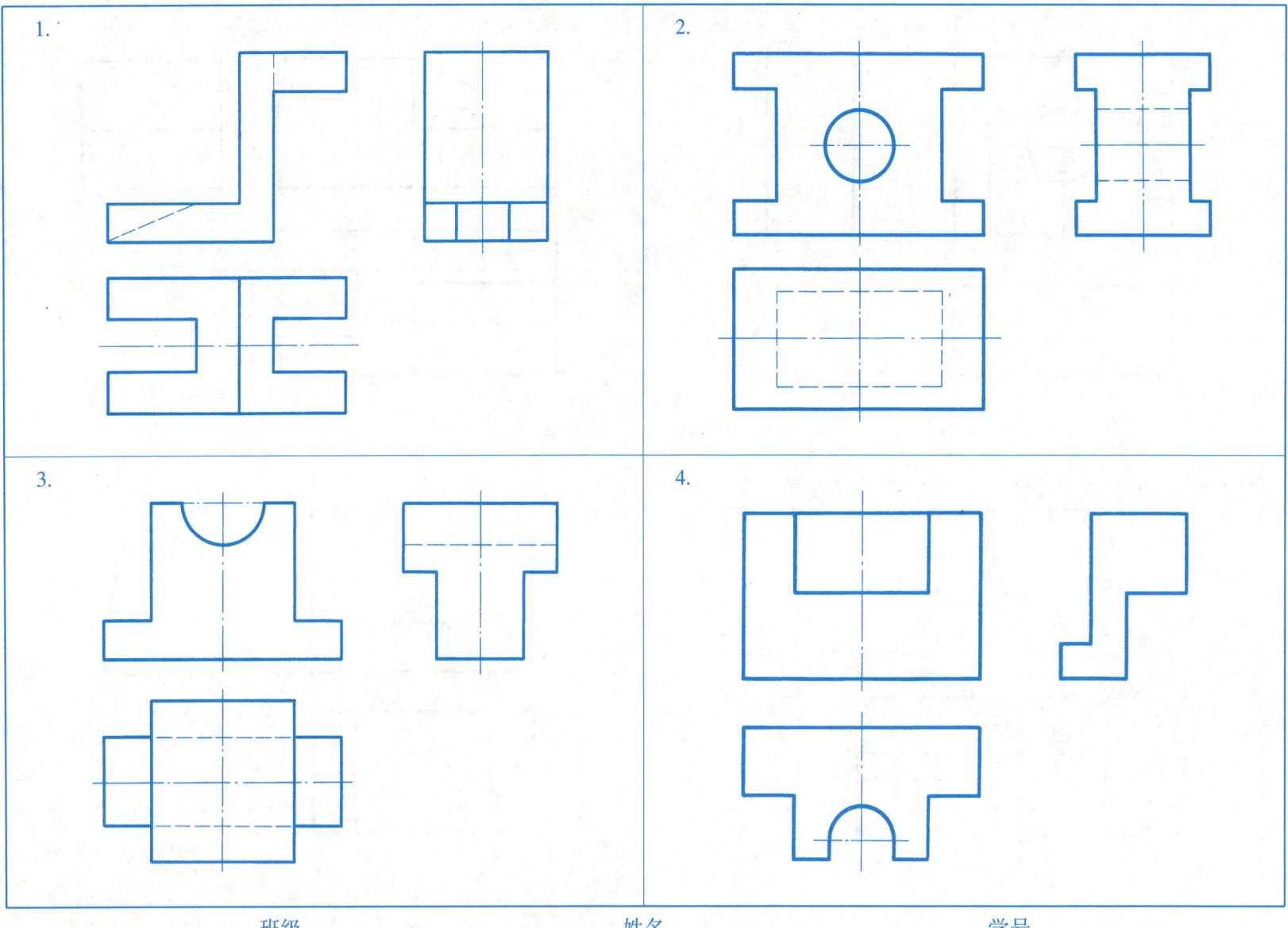

4-19 根据主视图和俯视图，补画左视图。

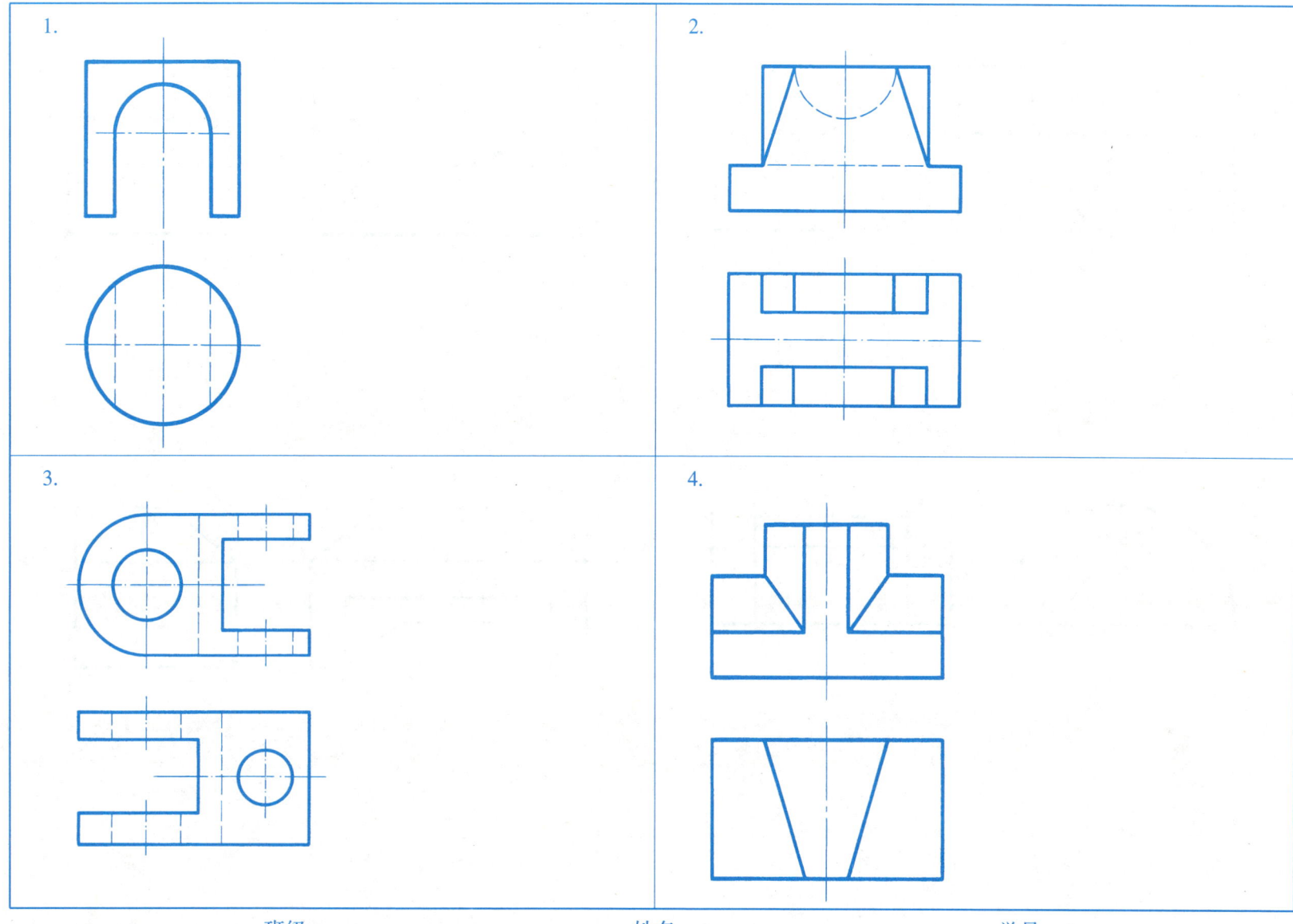

4-20 根据主视图和左视图，补画俯视图。

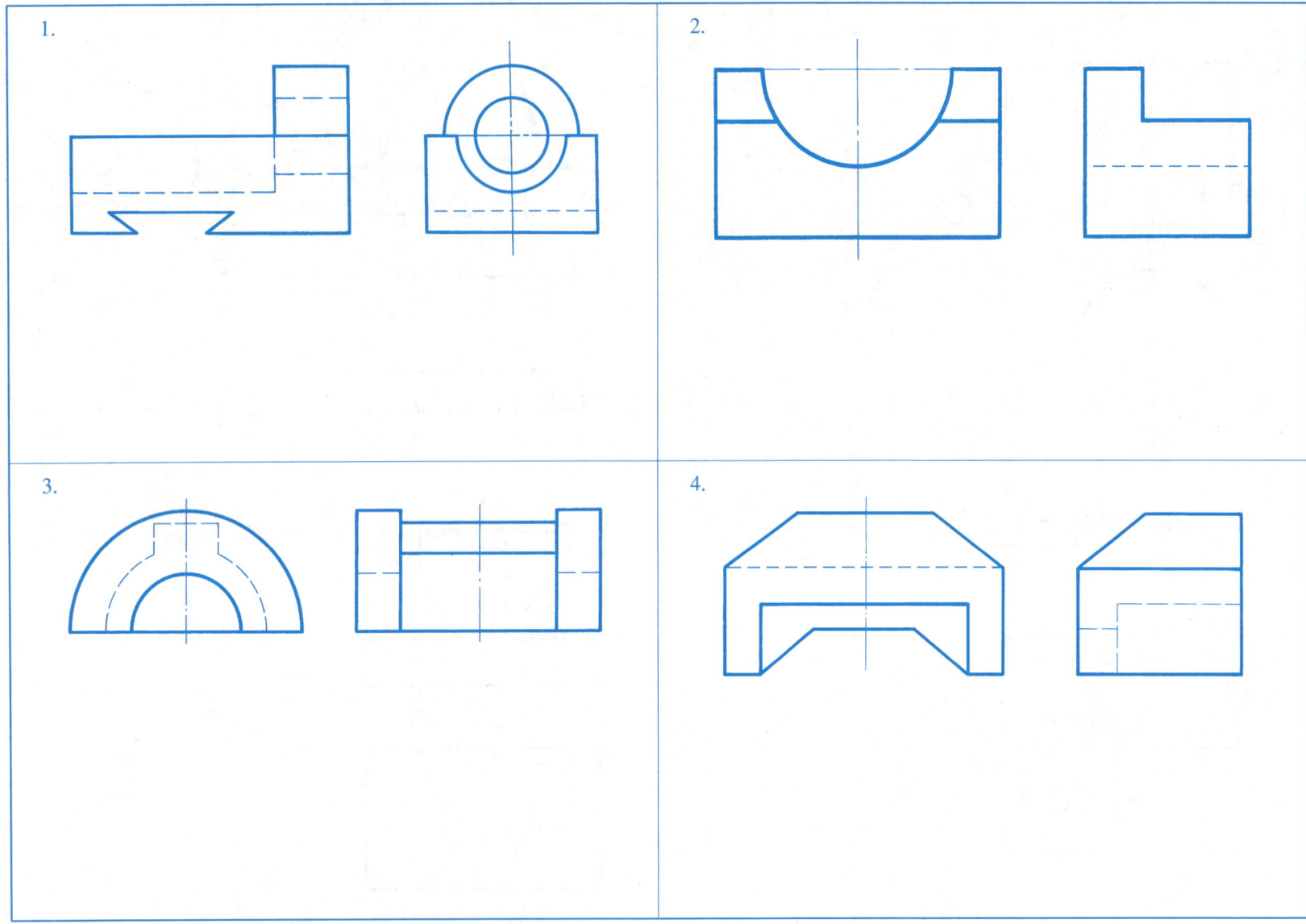

4-21 补画视图中所缺的图线。

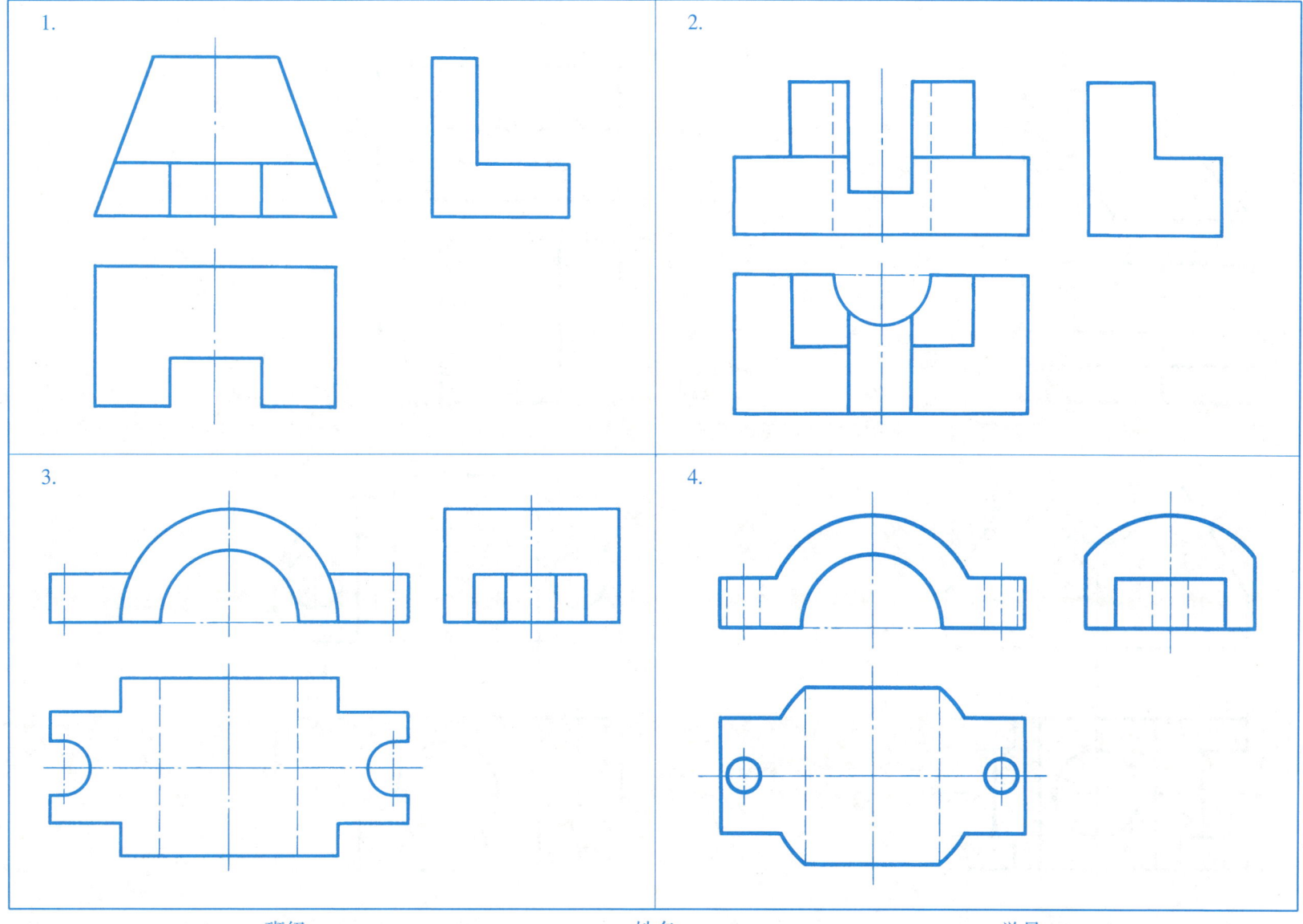

4-22 根据两视图，补画所缺的第三视图。

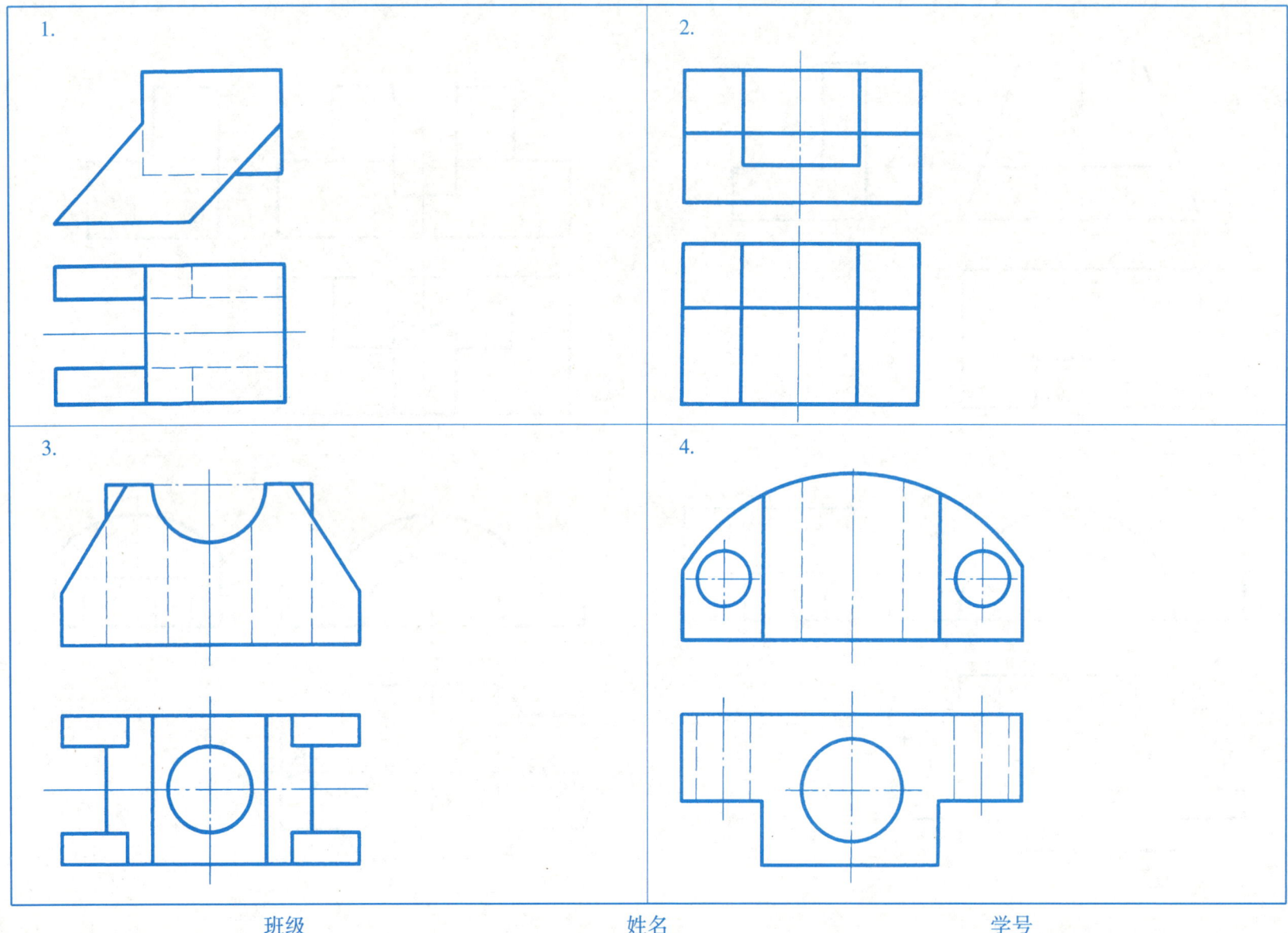

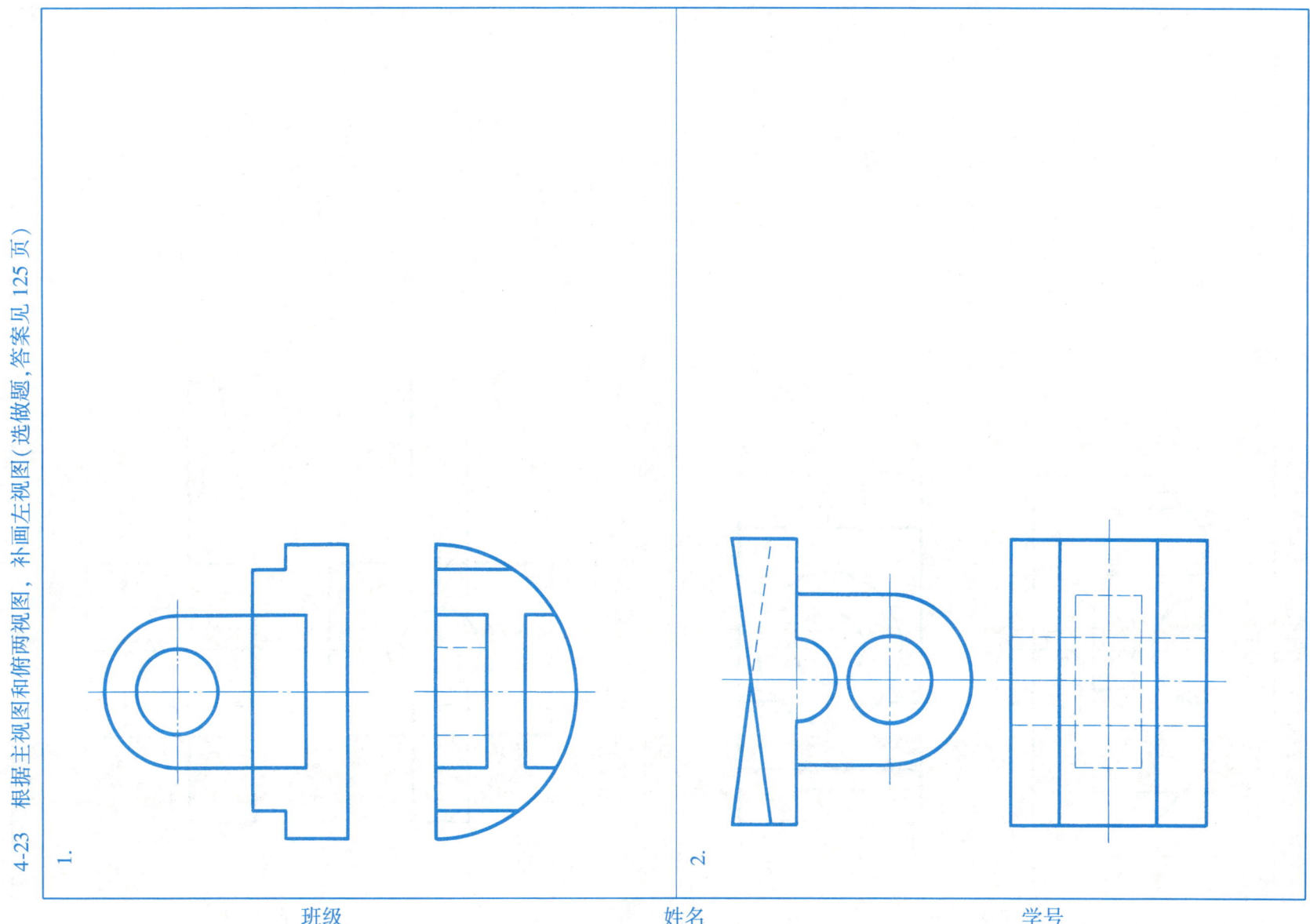

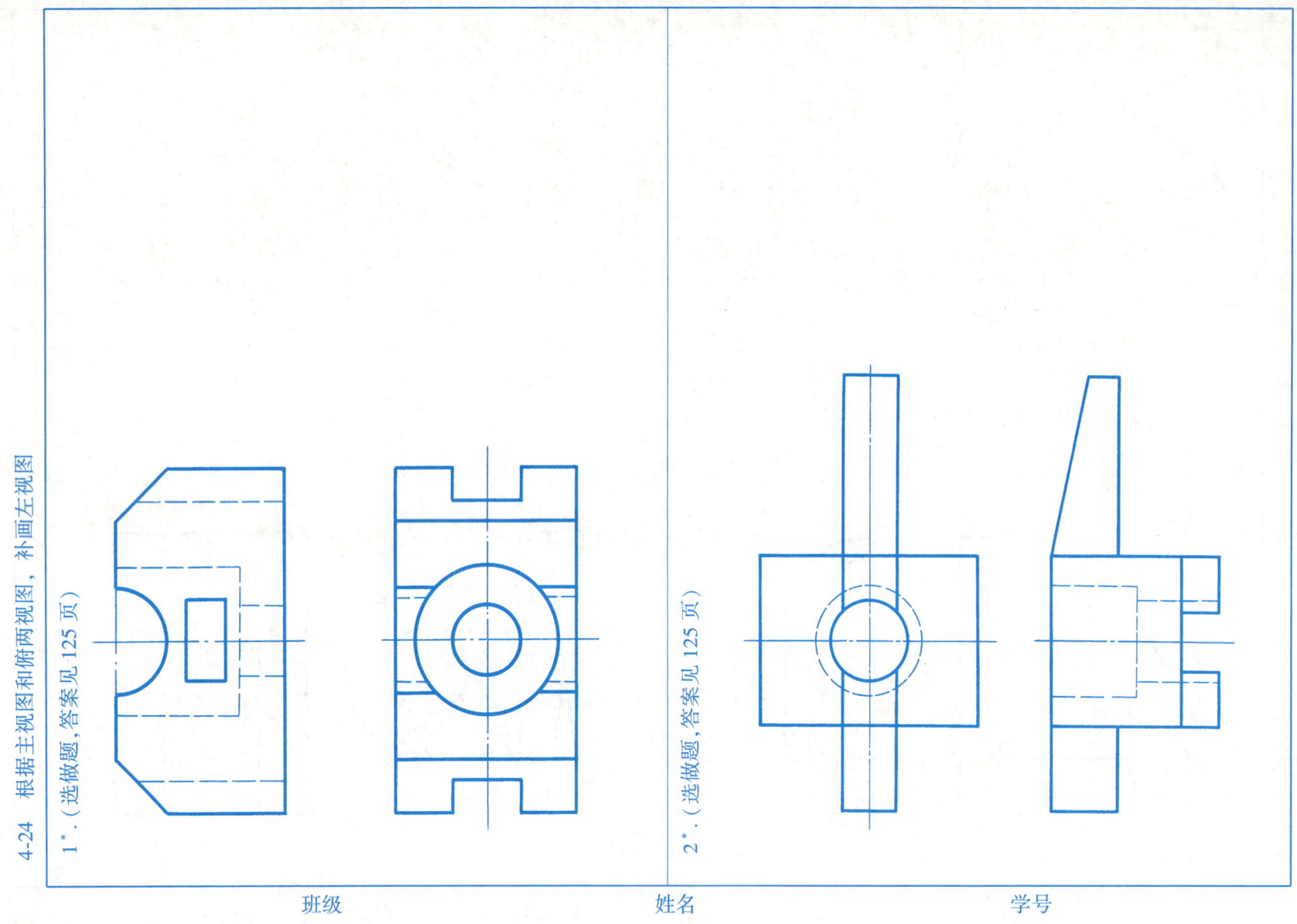

五、机件的表达方法　5-1　根据主视图、俯视图、左视图，补画右视图、后视图、仰视图。

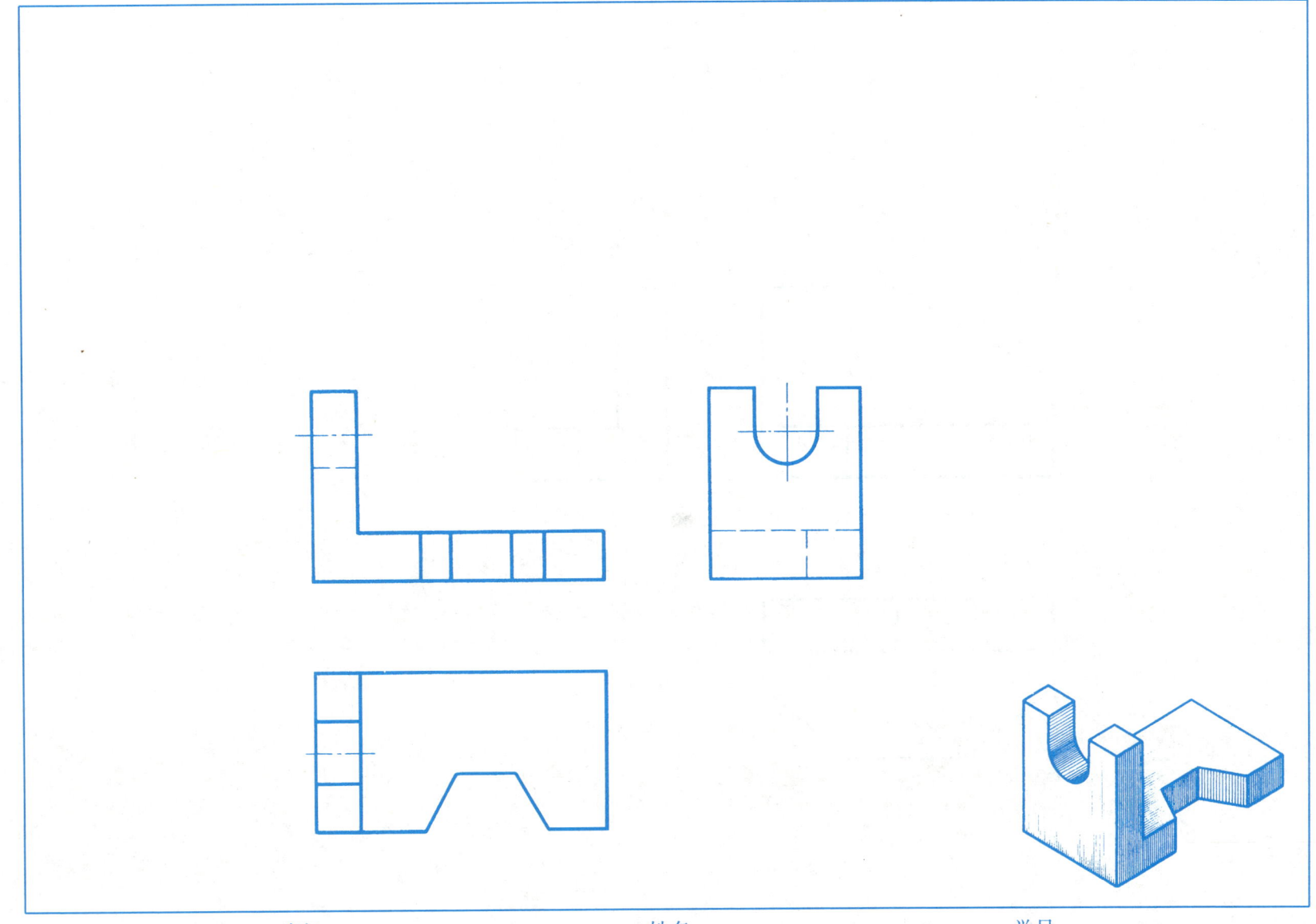

5-2 根据主视图、俯视图、左视图，徒手补画右视图、后视图、仰视图，并在右下角画出正等测。

班级　　　　　　　　　姓名　　　　　　　　　学号

5-3 将下列向视图进行标注,并补画仰视图。

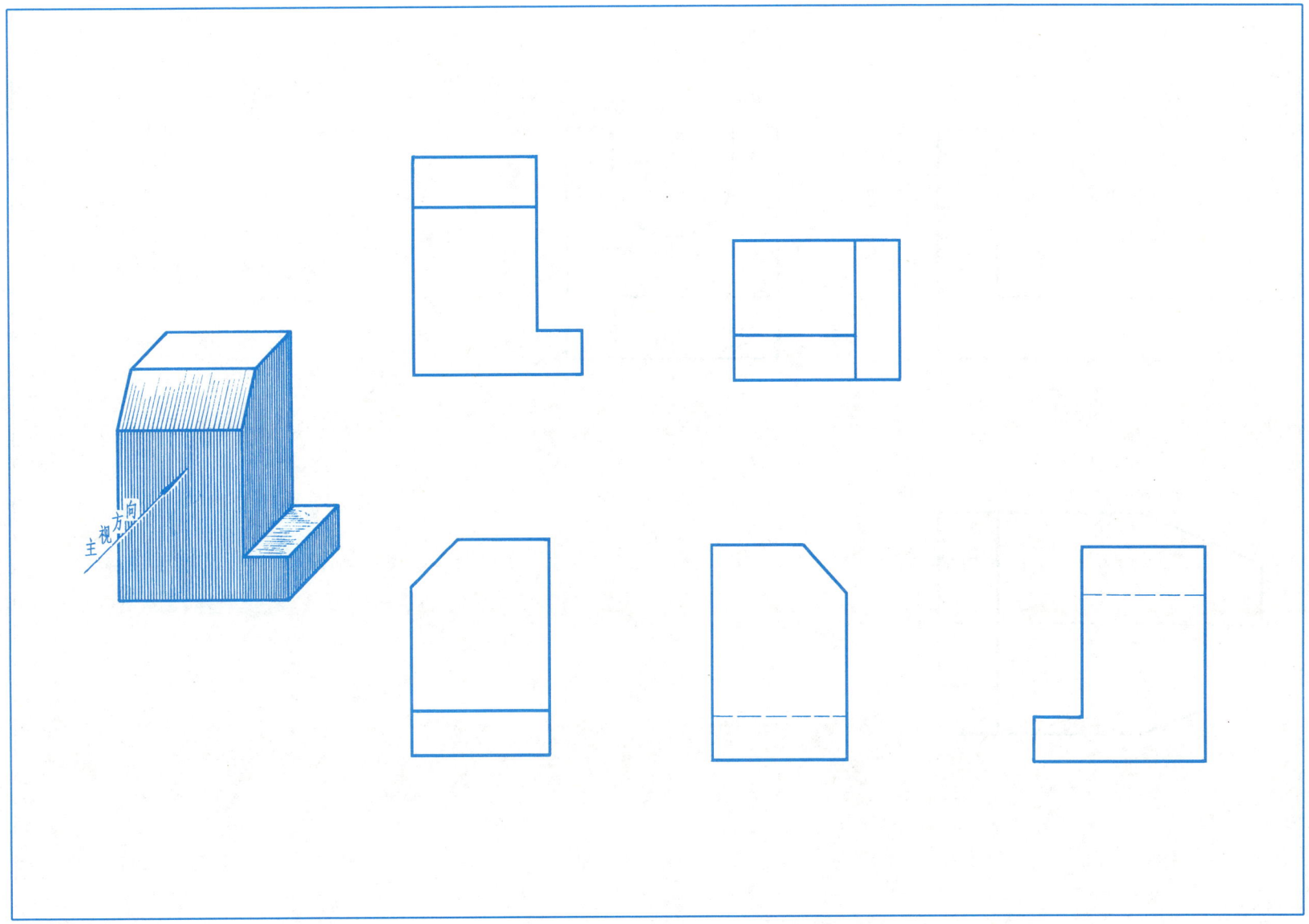

班级　　　　　　　姓名　　　　　　　学号

5-4 根据三个基本视图，按图中箭头所指补画三个向视图。

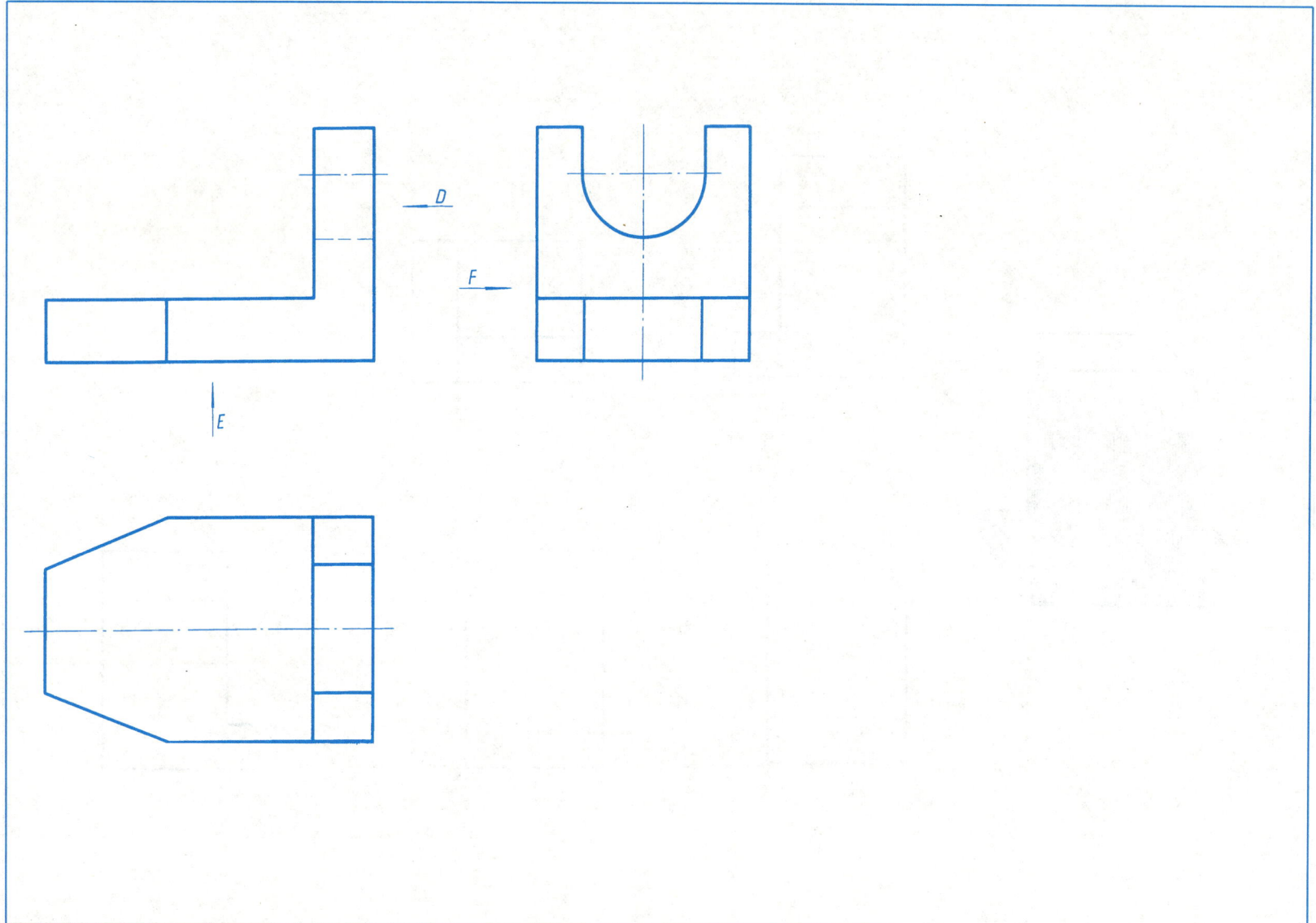

5-5 局部视图和斜视图。

1. 根据主视图和轴测图，补画一个斜视图和一个局部视图（比例为 1∶1），将机件形状表达清楚。

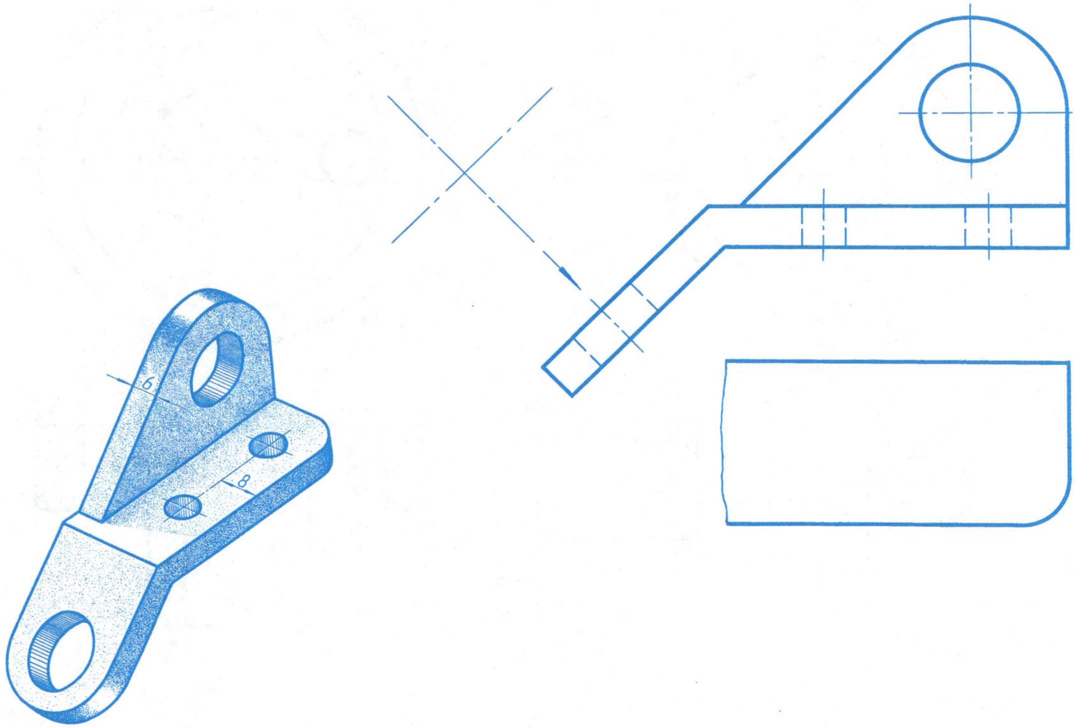

2. 根据主视图和轴测图，补画两个局部视图（圆角 R4，比例为 1∶1），将机件形状表达清楚。

班级　　　　　姓名　　　　　学号

73

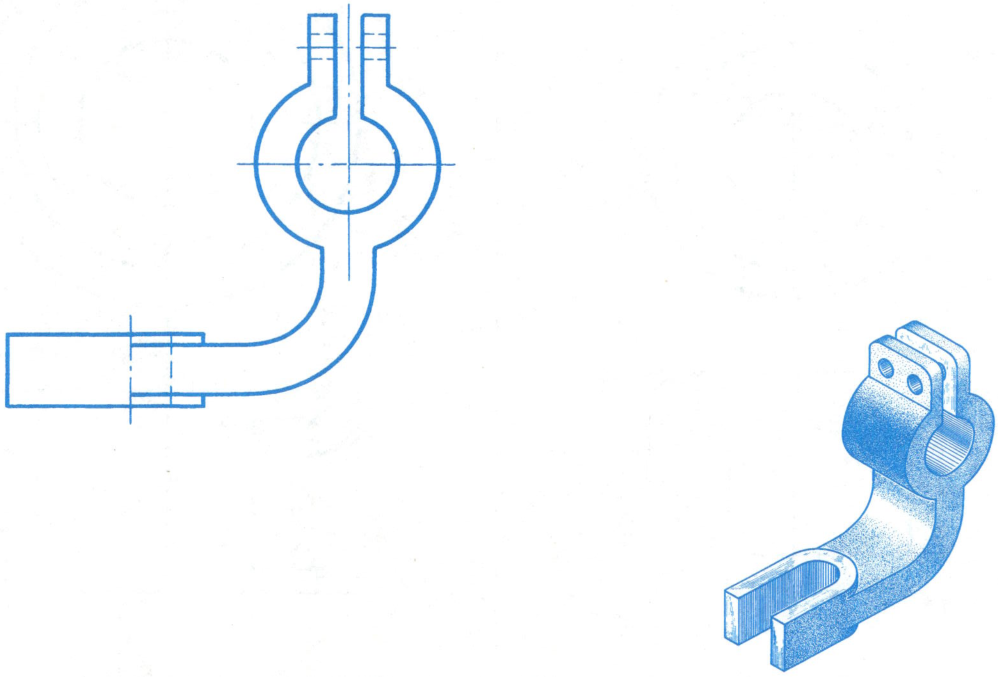

5-6 补画剖视图中所缺的图线。

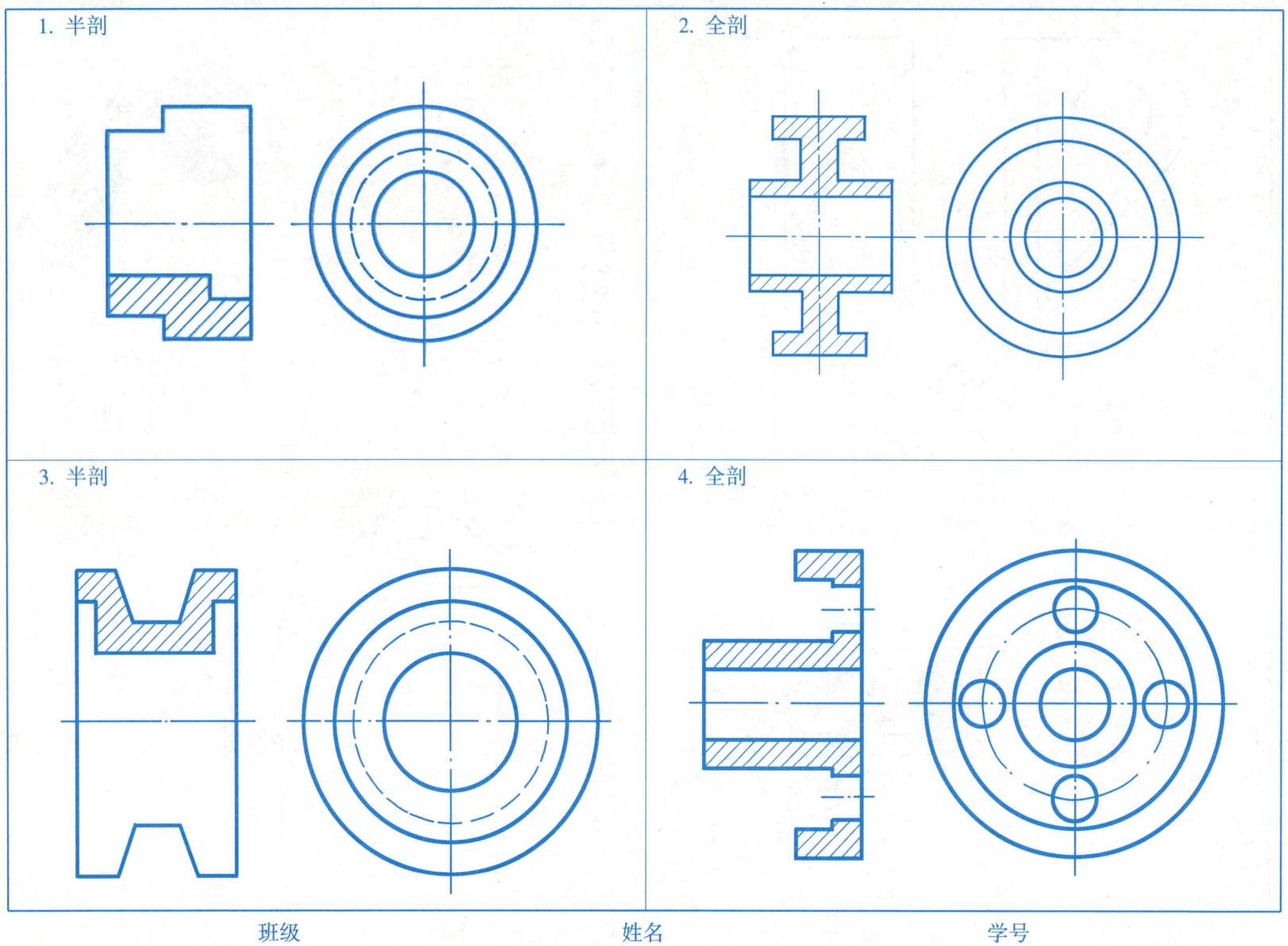

5-7 将主视图徒手改画成全剖视图。

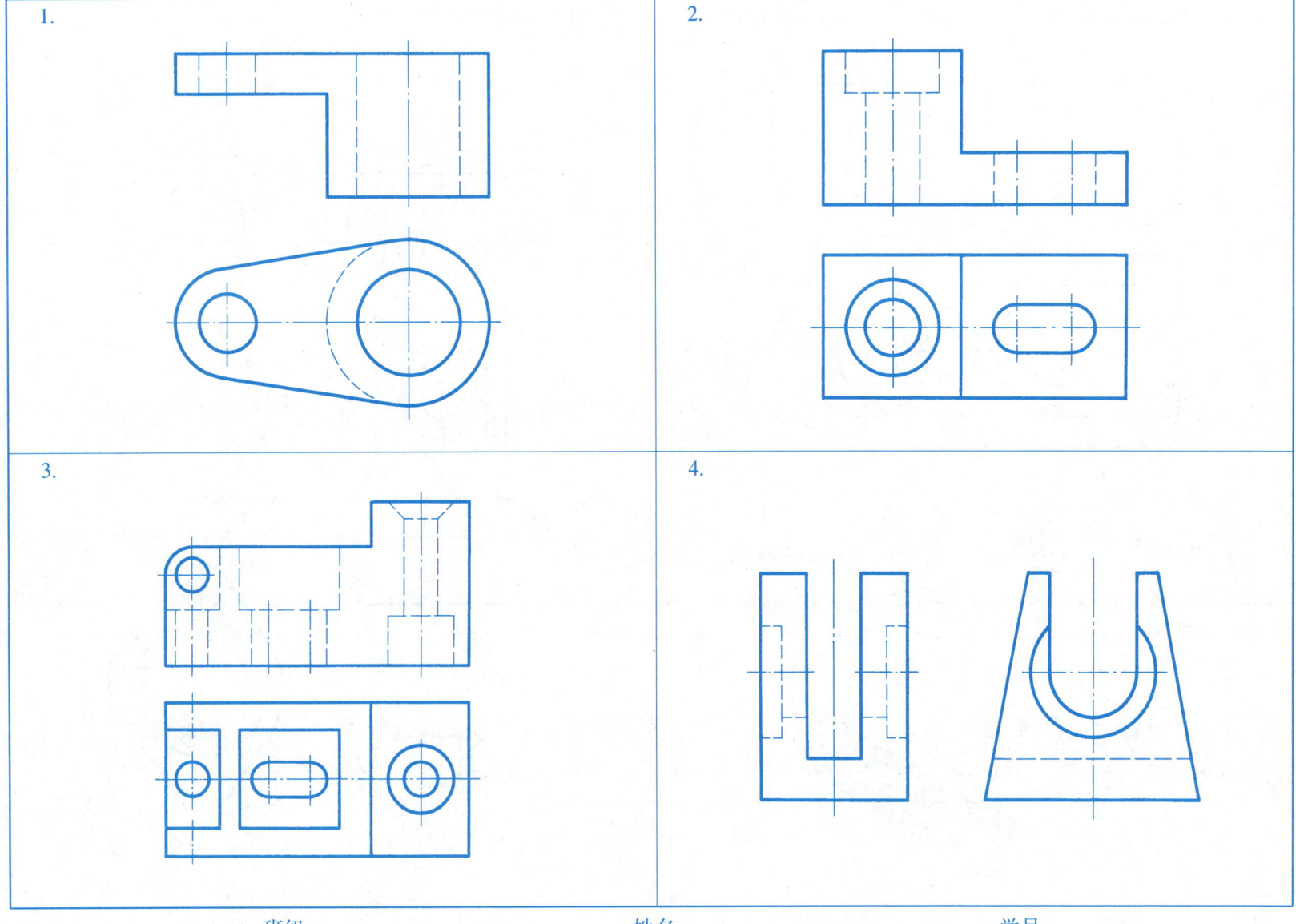

5-8 画剖视图。

1. 将主视图画成全剖视图(比例为 1∶1)，小孔锥角为 120°。

2. 画 C—C 全剖视图。

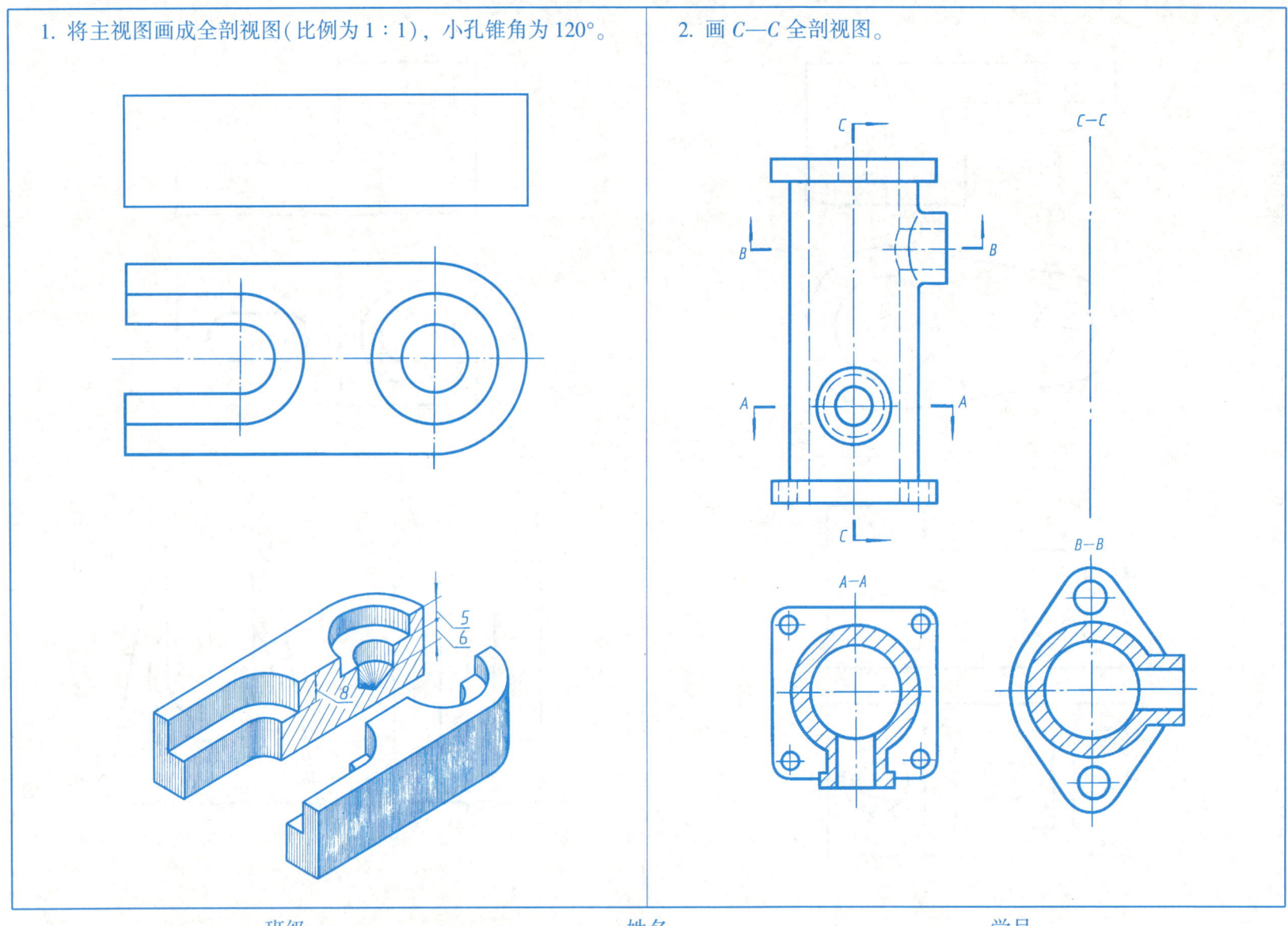

5-9 半剖视图。

1. 将主视图改画成半剖视图。

2. 徒手完成上边的半剖视图，再用仪器画出正规的半剖视图。

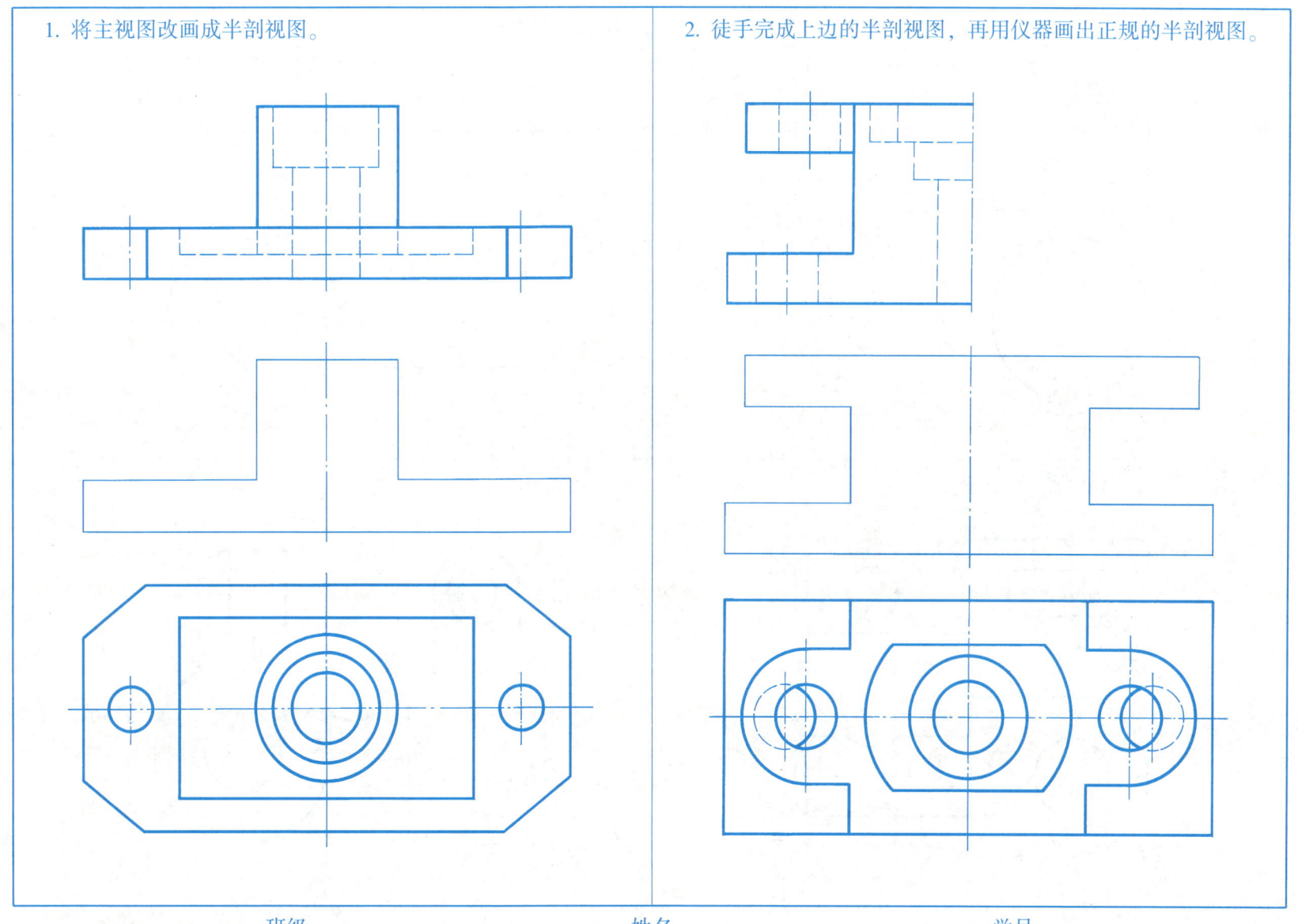

班级　　　　　　　　姓名　　　　　　　　学号

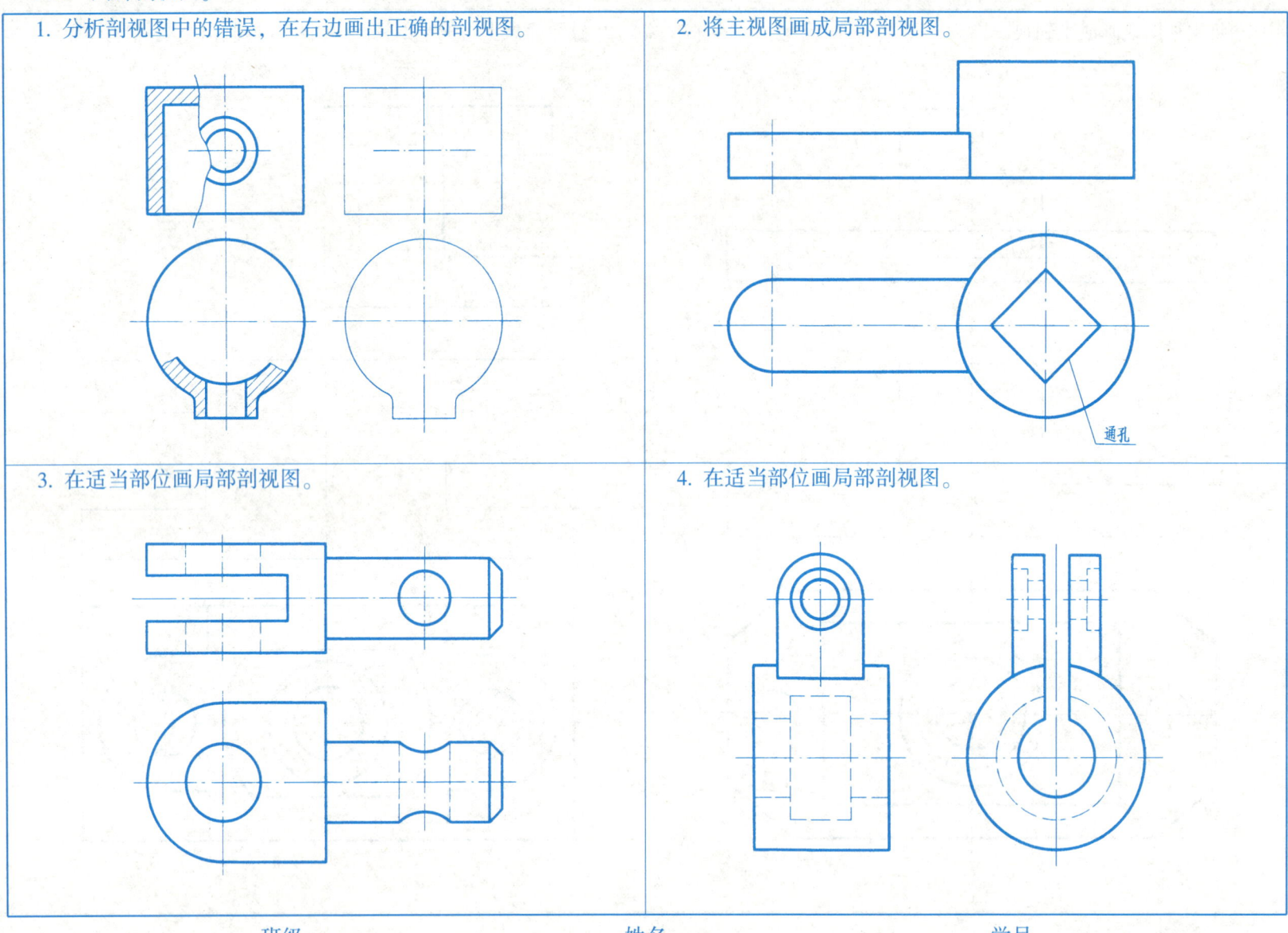

5-11 画 B—B 全剖视图（用单一斜剖切平面剖切）。

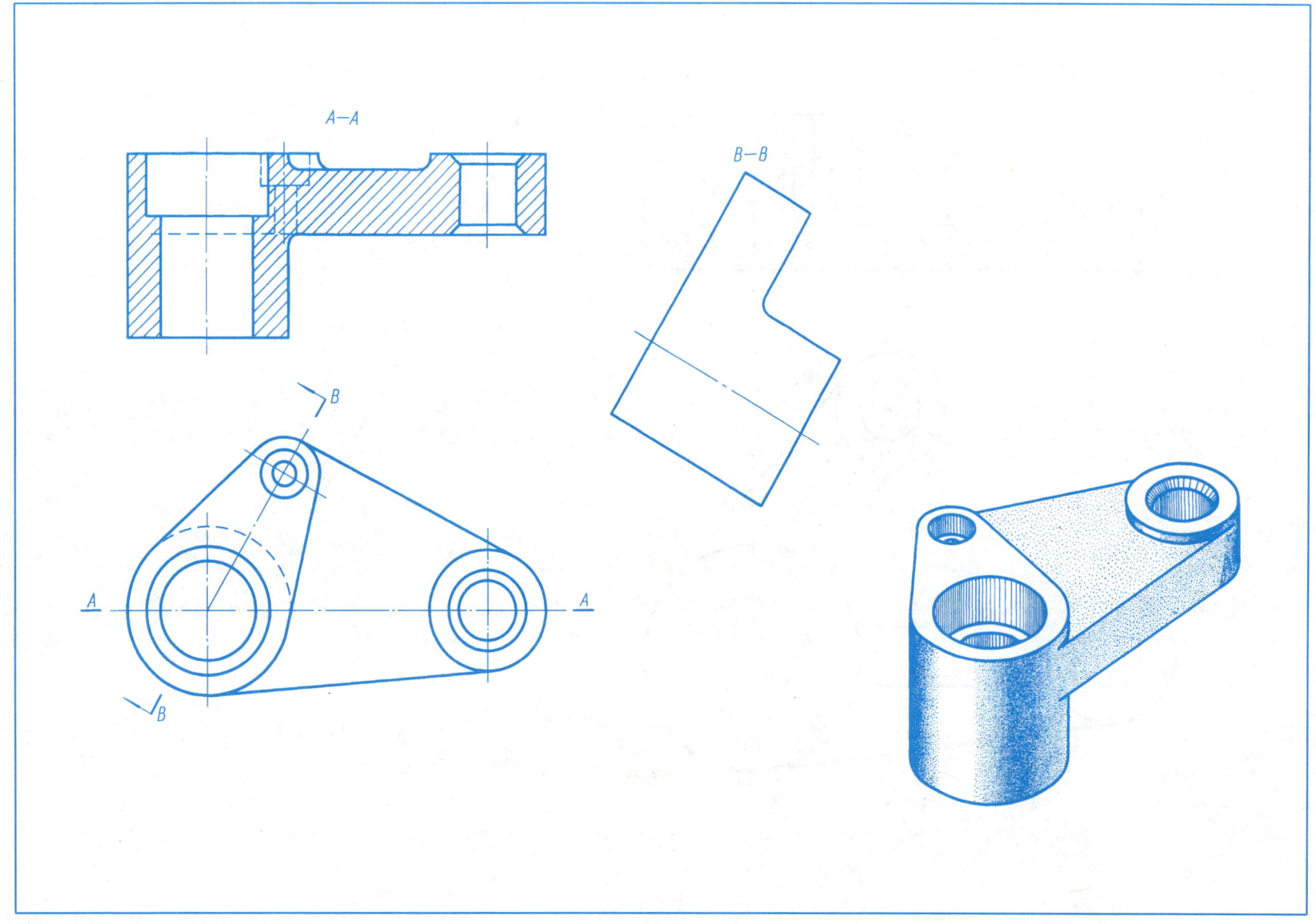

班级　　　　　　　　姓名　　　　　　　　学号

5-12 画 A—A 全剖视图（用单一斜剖切平面剖切）。

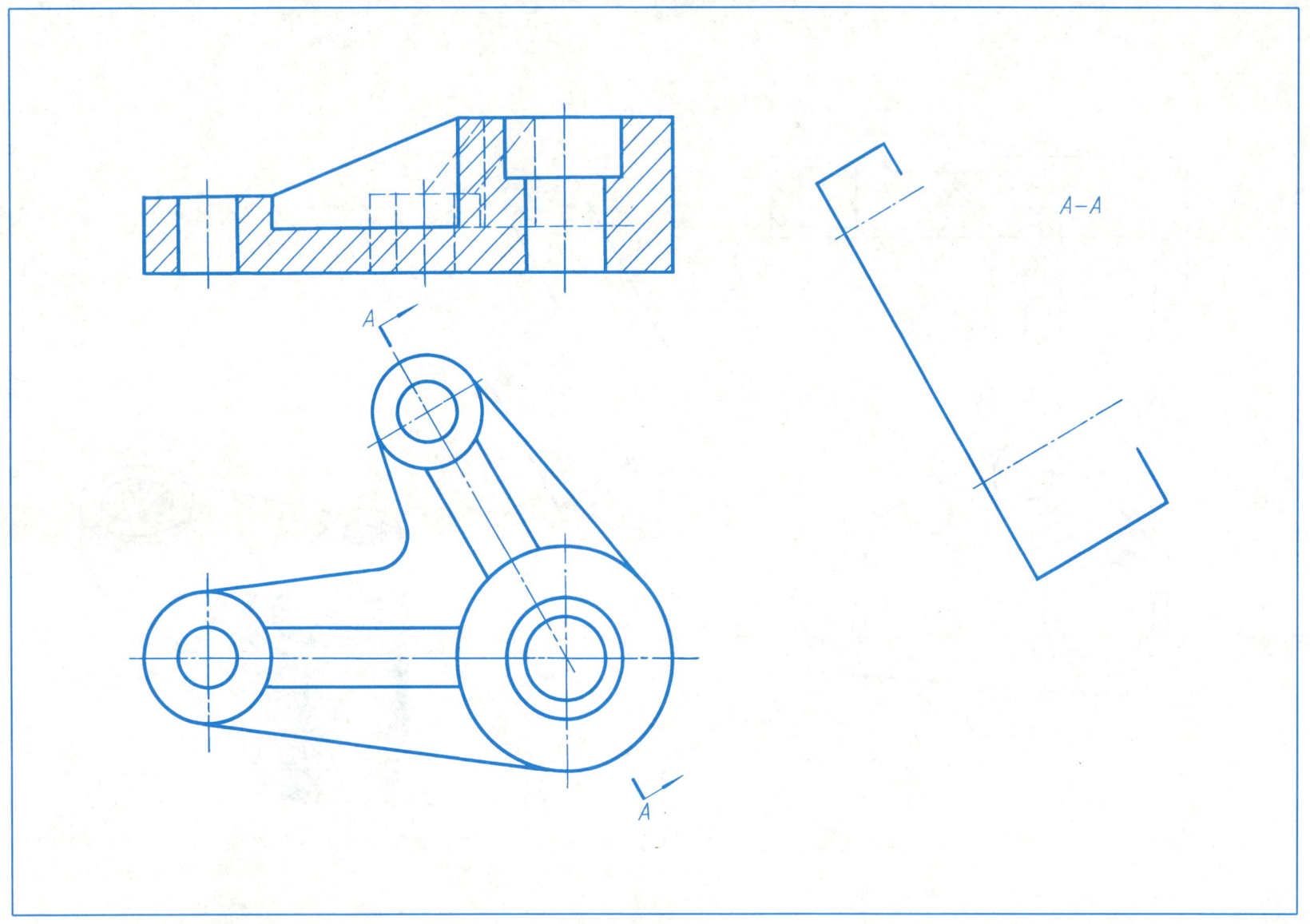

班级　　　姓名　　　学号

5-13 将主视图画成全剖视图(用几个平行的剖切平面剖切)。

1.

2.

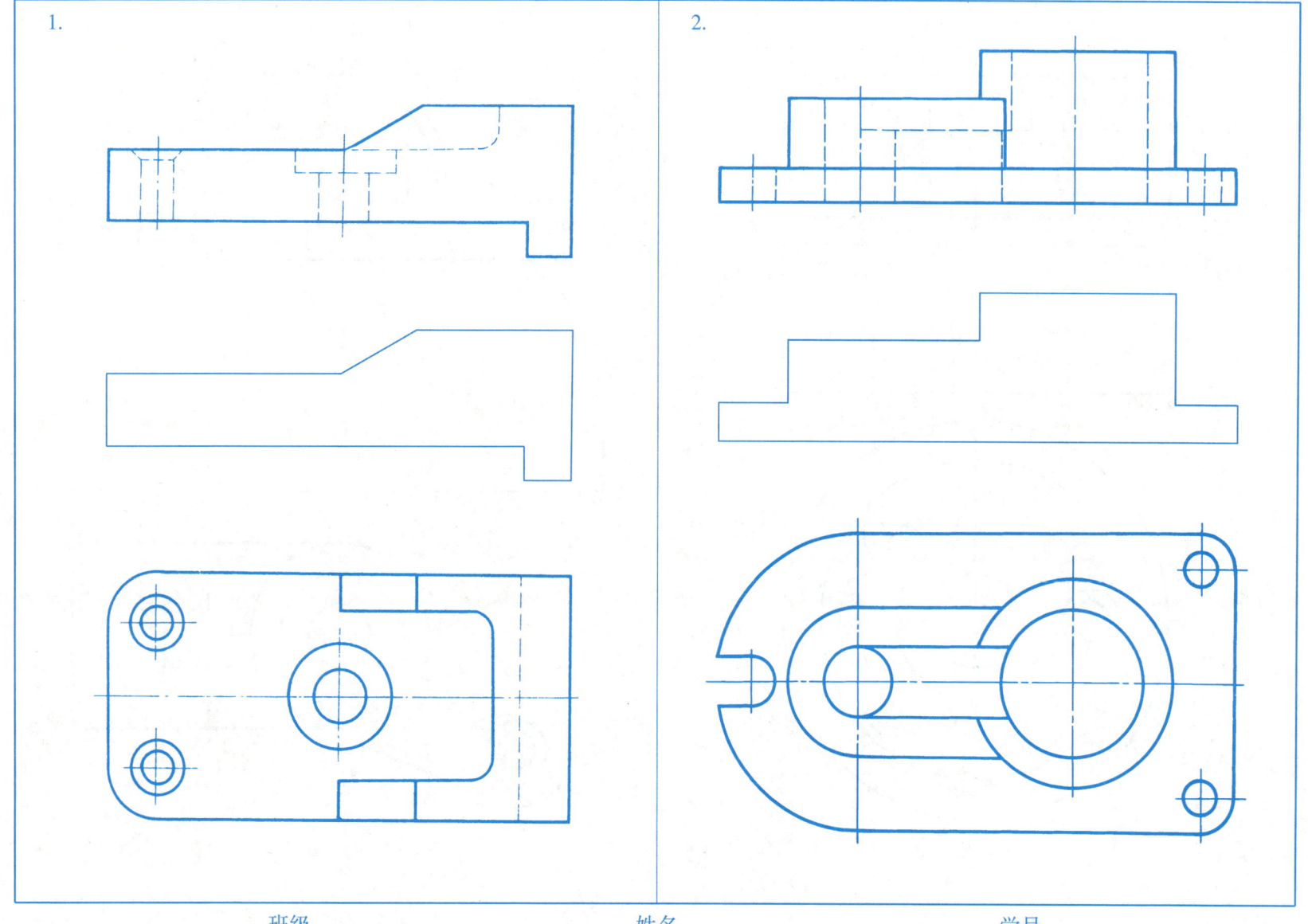

班级　　　　　　　　　姓名　　　　　　　　　学号

81

5-14 将主视图画成全剖视图(用几个相交的剖切面剖切)。

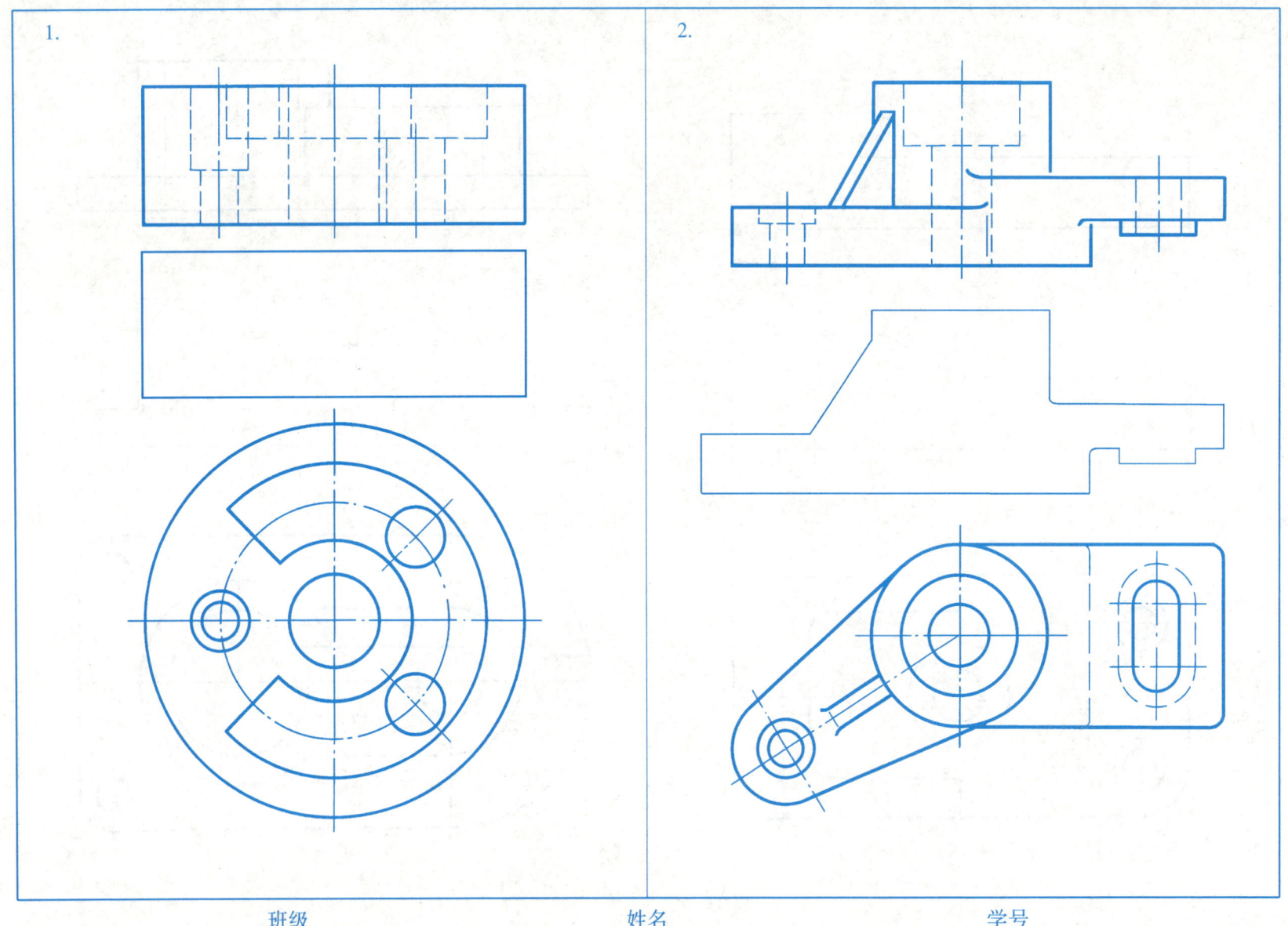

5-15 断面图。

1. 参照轴测图，画出铣切平面、两处键槽（宽度、深度相同）及销孔的断面图。

2. 按剖切线、剖切符号的位置画断面图（主视图画重合断面，俯视图画移出断面）。

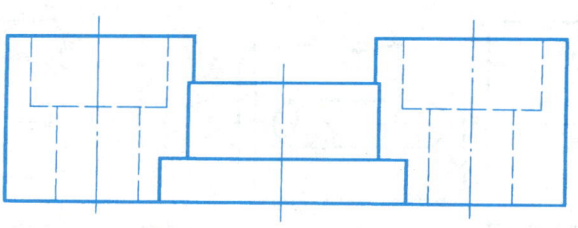

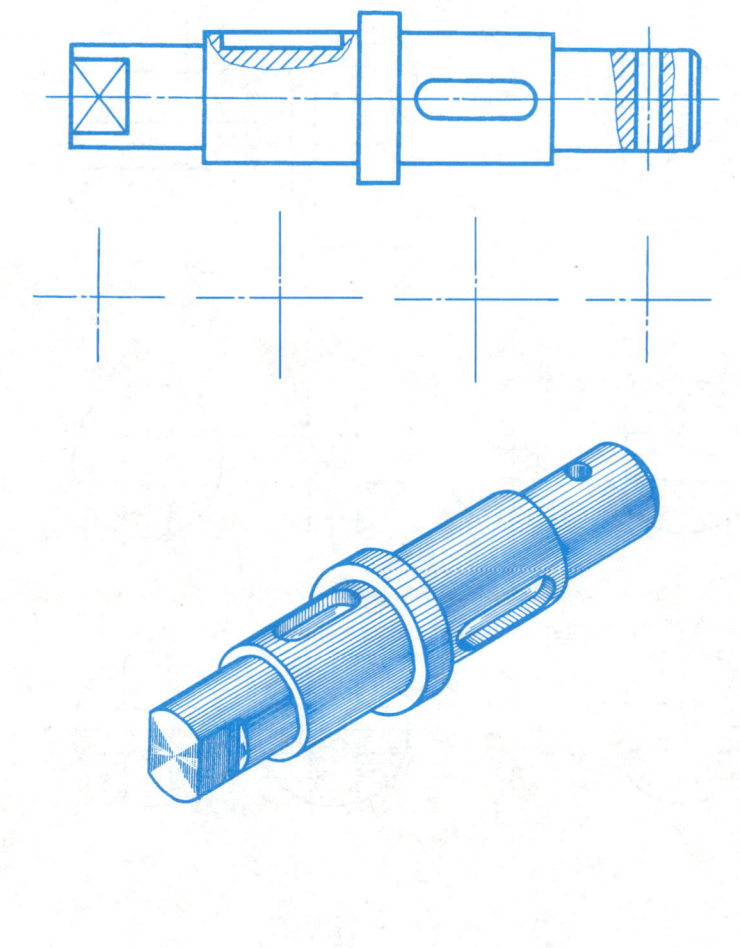

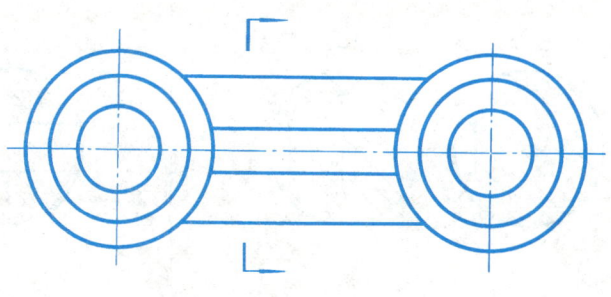

班级　　　　　　姓名　　　　　　学号

5-16 在视图下方的断面图中选出正确的断面图形,并将其画上"√"。

1.

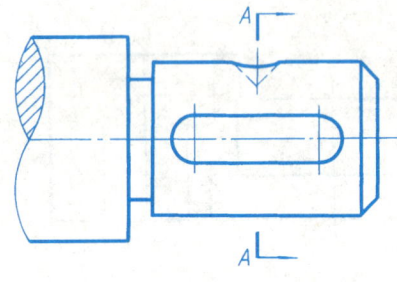

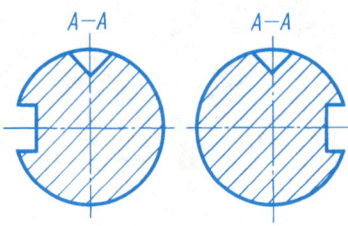

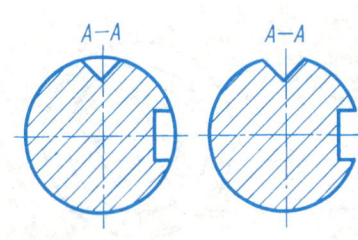

2.

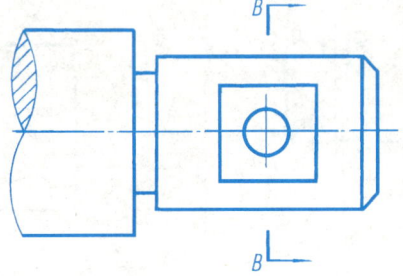

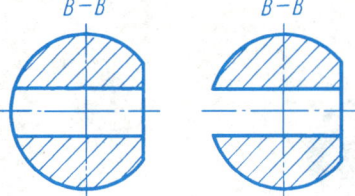

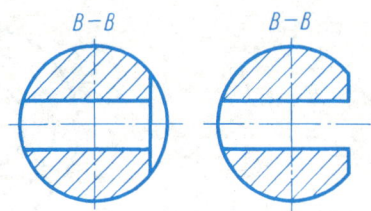

3.

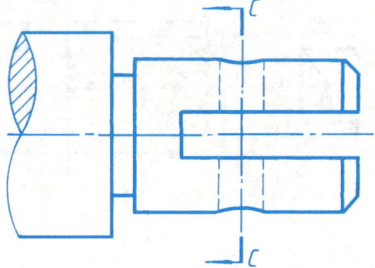

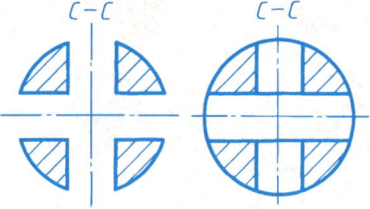

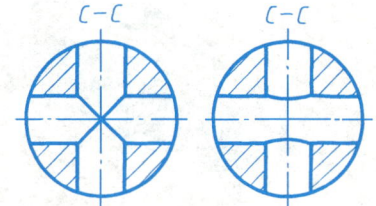

班级　　　　　　　　　姓名　　　　　　　　　学号

5-17 在指定位置画出正确的剖视图。

1.

2.

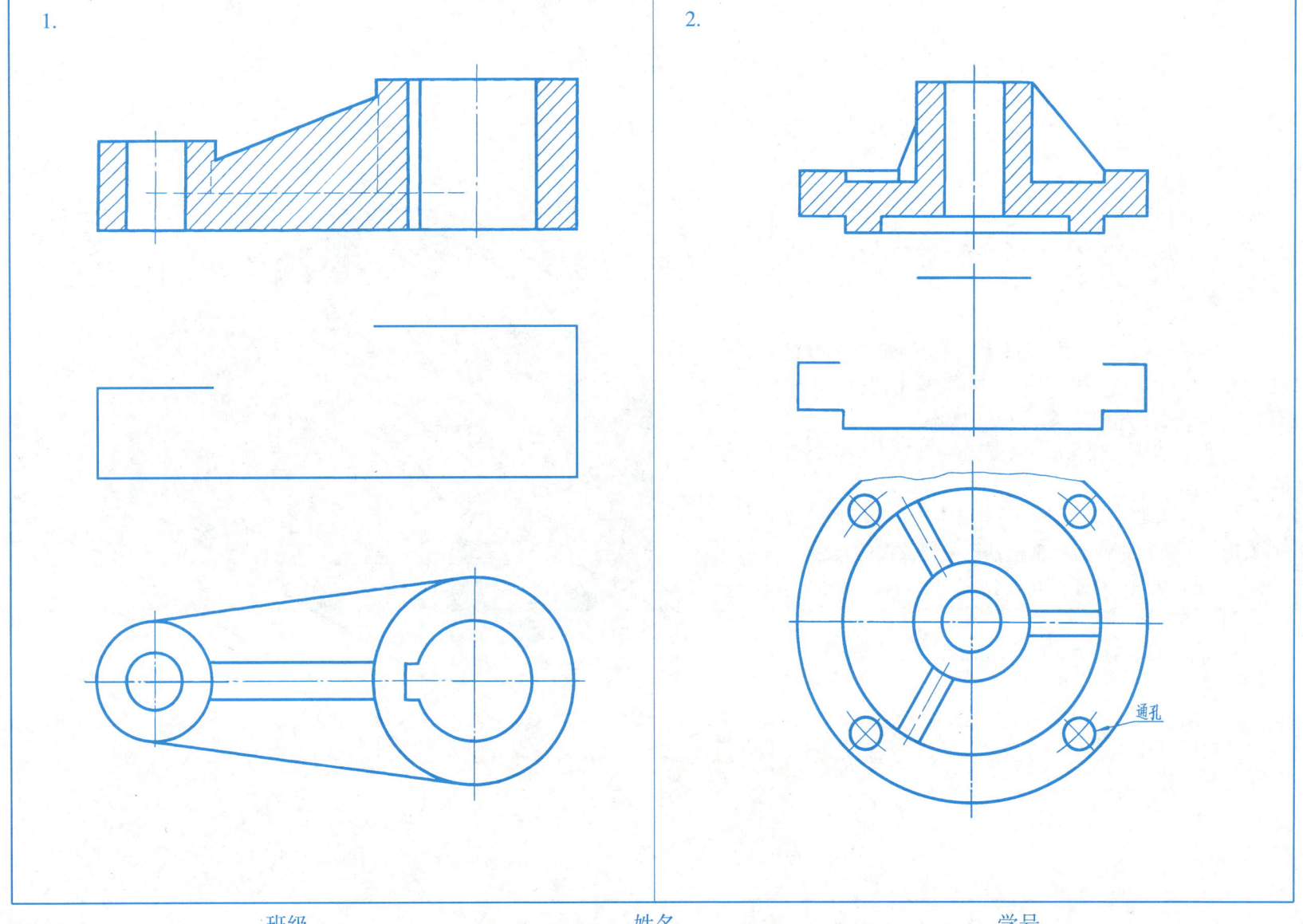

班级　　　　　　姓名　　　　　　学号

5-18 剖视图作业。

作业 4　剖视图

一、作业目的
1. 训练表达机件的能力。
2. 掌握剖视图的画法。

二、内容与要求
1. 根据轴测图(或模型)画剖视图。
2. 用 A3 图纸,标注尺寸。

三、注意事项
1. 在看清机件形状的基础上,考虑应选取哪些视图,再分析机件上哪些内部结构需要采用剖视,怎样剖切。可多考虑几种方案,再从中选优。
2. 剖视图应直接画出,不应先画视图,再将其改画成剖视图。
3. 分清哪些剖切位置可以不标注,哪些剖切位置必须标注,要特别注意局部剖视图中波浪线的画法。
4. 各剖视图中剖面线的方向和间隔应保持一致。

四、作业题
右图及下页的轴测图(看不清的圆、方孔均通透)。

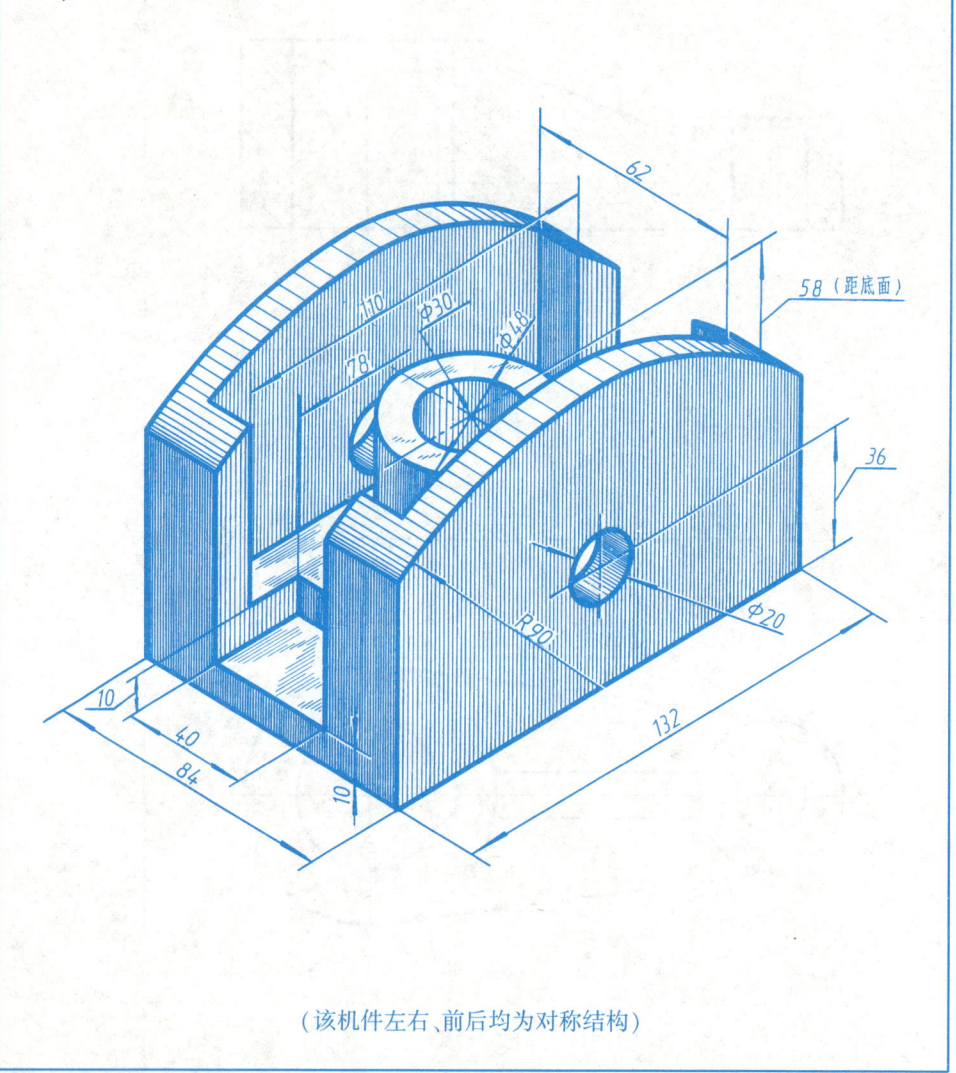

(该机件左右、前后均为对称结构)

班级　　姓名　　学号

5-19 根据轴测图画剖视图(作业题)。

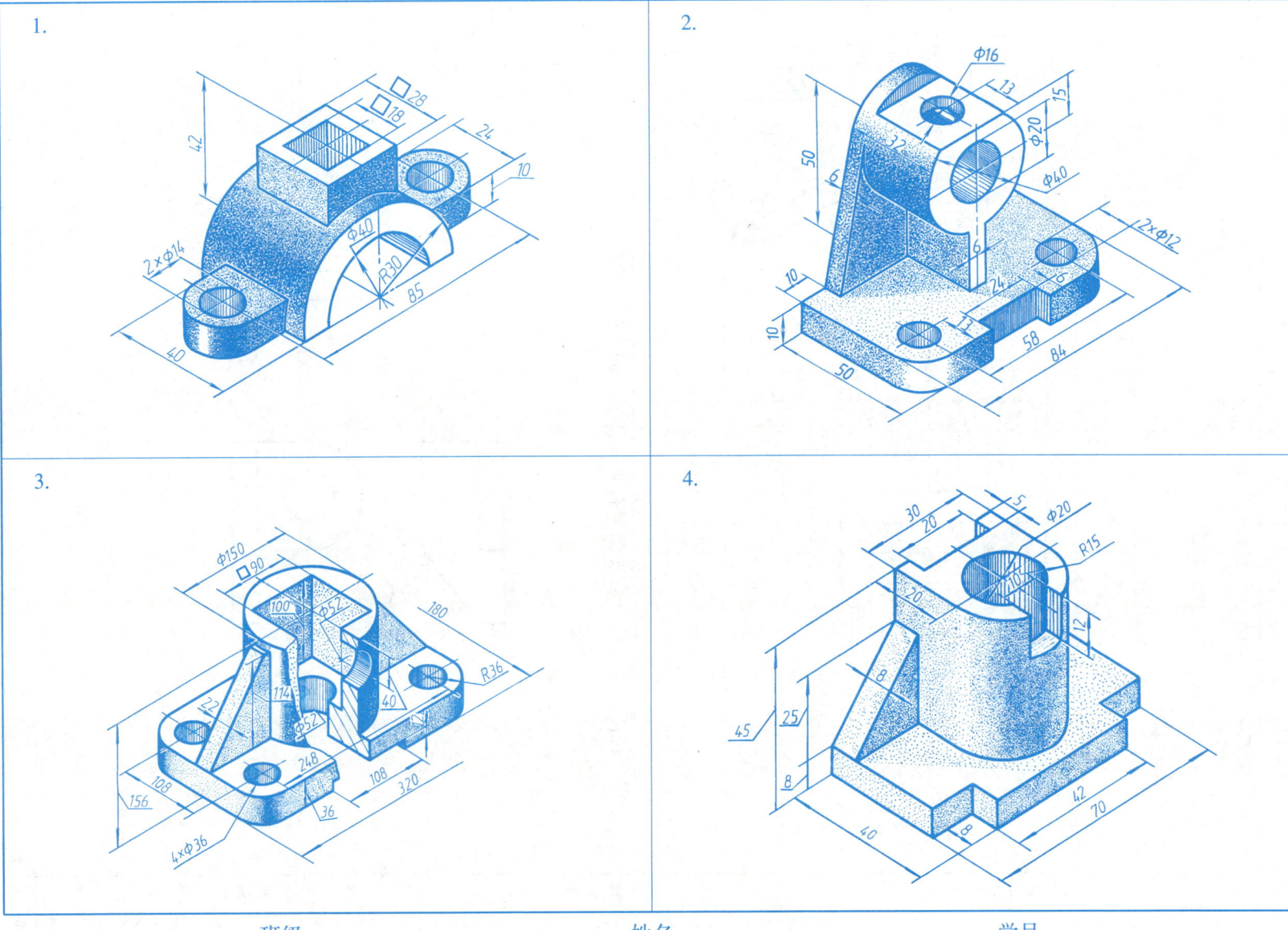

5-20 第三角画法。

1. 根据轴测图，徒手画出六个基本视图。

2. 根据主视图、俯视图、右视图，补画左视图、仰视图、后视图。

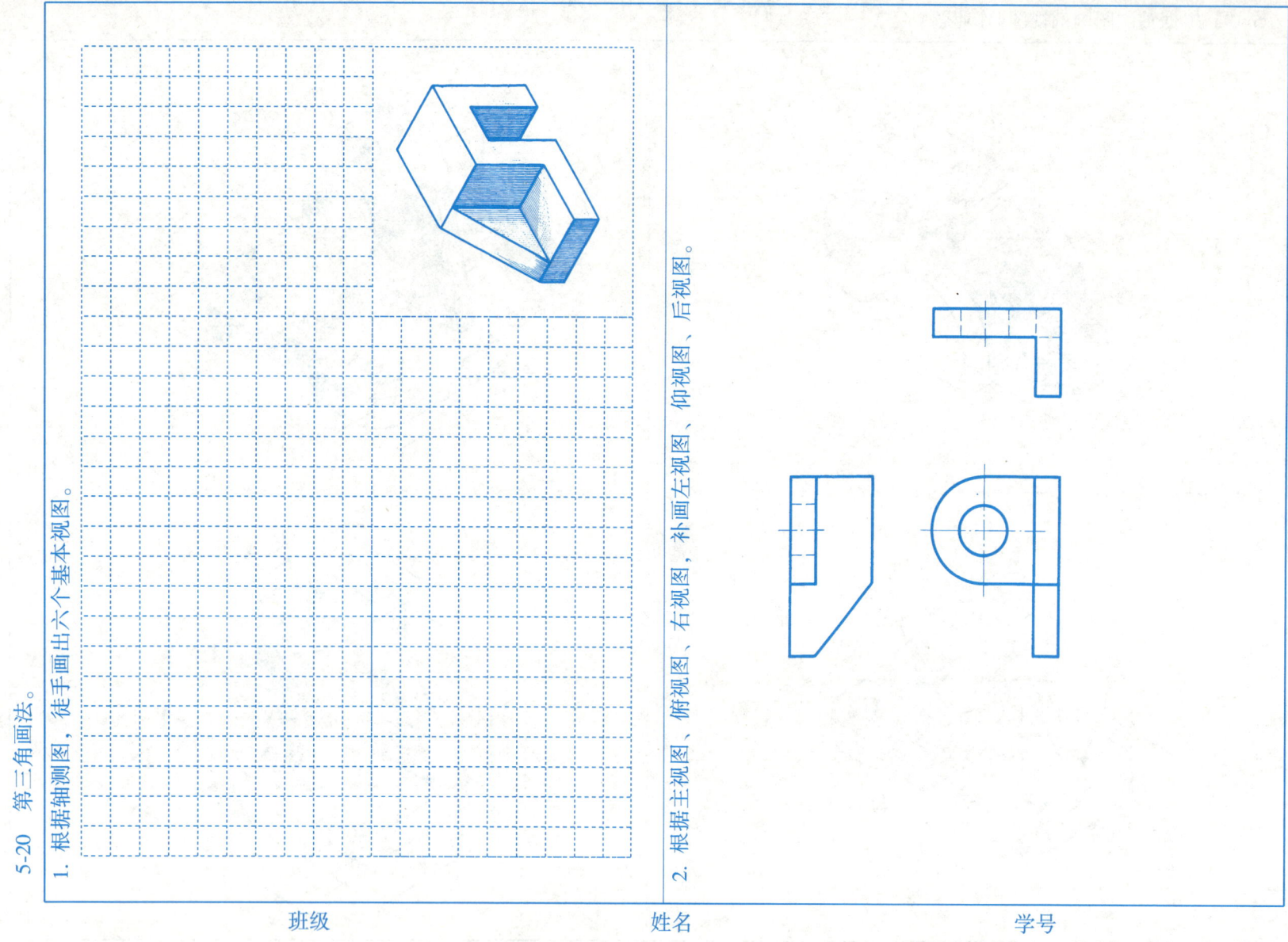

班级　　　姓名　　　学号

六、常用零件的特殊表示法 6-1 分析下列螺纹及螺纹联接画法中的错误，并在空白处或指定位置画出正确的图形。

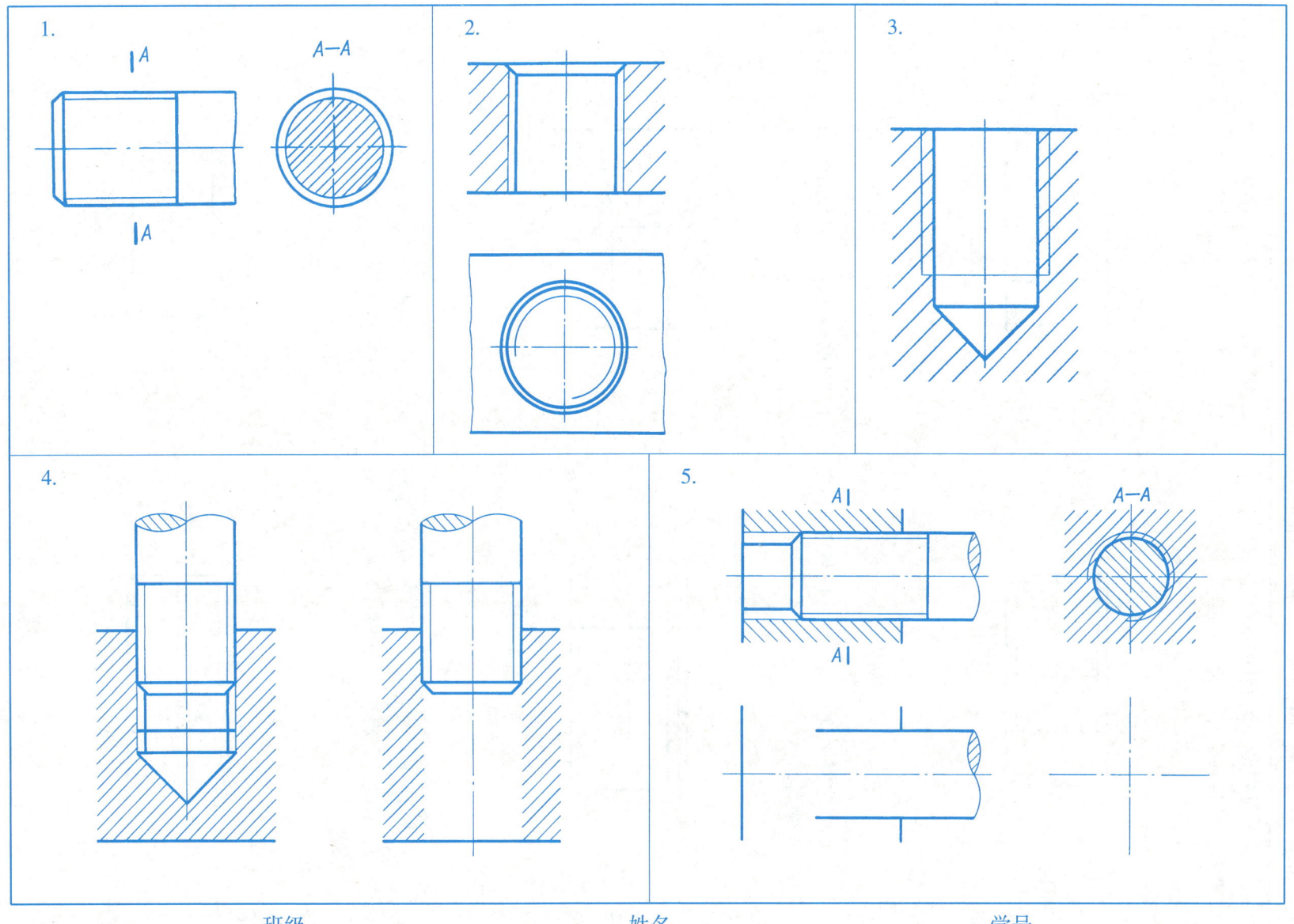

6-2 根据给定的螺纹要素,按规定进行标注。

1. 普通螺纹,大径 16mm,右旋,中径、顶径公差带 6g,中等旋合长度。

2. 普通螺纹,大径 18mm,螺距 1.5mm,左旋,中径、顶径公差带 6h,中等旋合长度。

3. 55°非密封管螺纹,尺寸代号 3/4,左旋,公差等级 A。

4. 55°密封管螺纹,尺寸代号 1/2,右旋。

5. 梯形螺纹,公称直径 20mm,导程 8mm,双线,右旋,中径公差带 8e,中等旋合长度。

6. 锯齿形螺纹,公称直径 38mm,螺距 7mm,左旋,中径公差带 7H,单线,中等旋合长度。

班级　　　　　姓名　　　　　学号

6-3 查表确定下列各联接件的尺寸，并写出规定标记。

1. 六角头螺栓—C 级。

2. I 型六角螺母—A 级。

规定标记：_____。

规定标记：_____。

3. 双头螺柱（B 型，$b_m = 1.25d$）。

4. 平垫圈：倒角型—A 级。

规定标记：_____。

规定标记：_____。

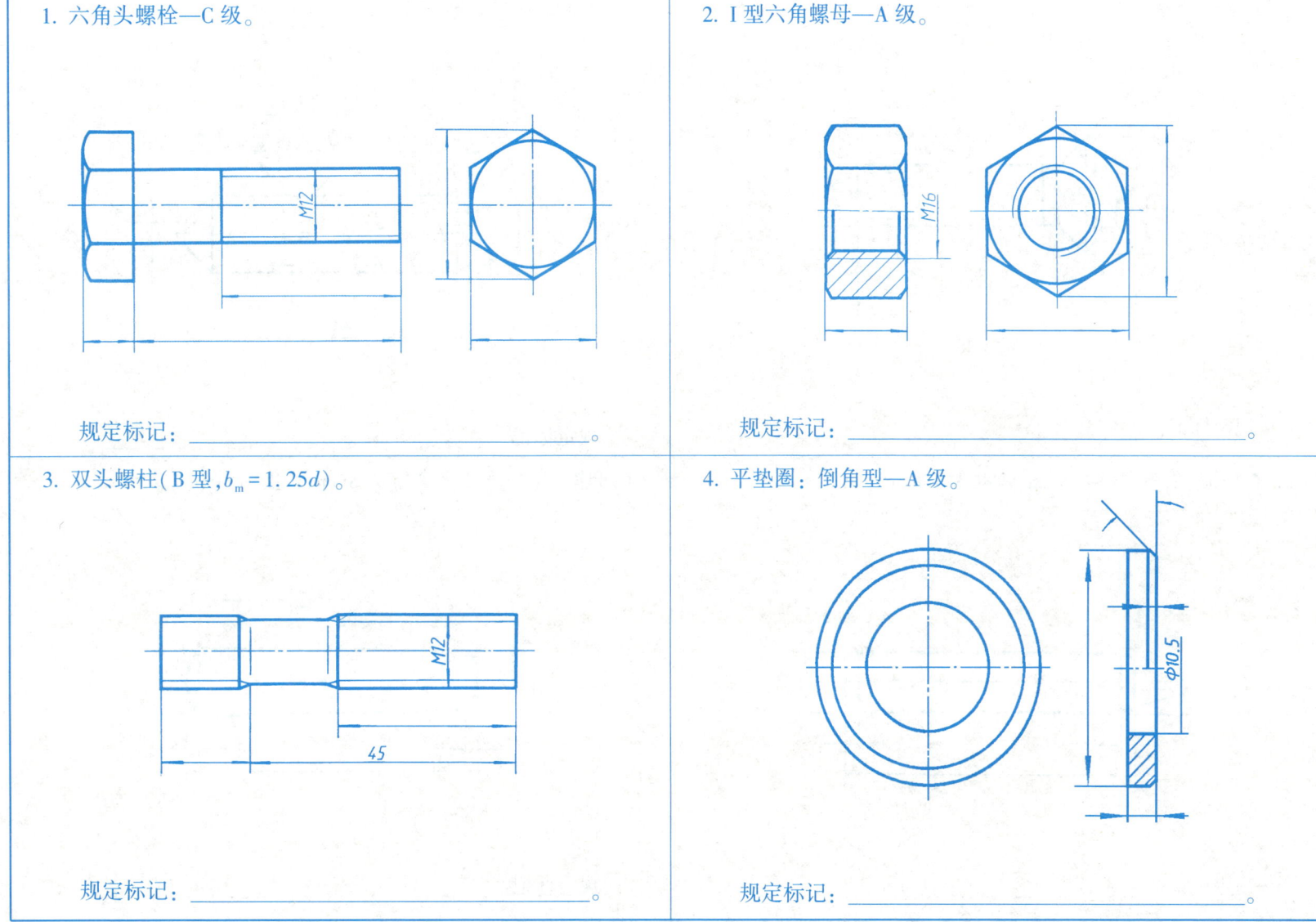

班级　　　　　　姓名　　　　　　学号

6-4 查表确定下列各联接件的尺寸，并写出规定标记。

1. 开槽沉头螺钉。

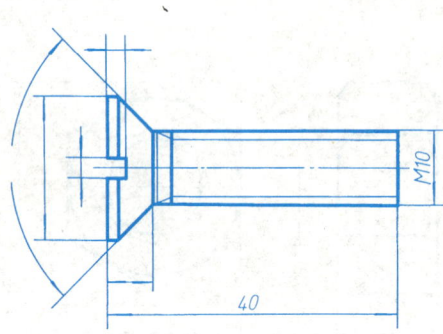

规定标记：_____。

2. 开槽锥端坚定螺钉。

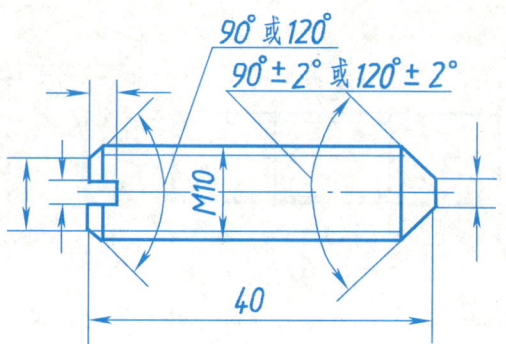

规定标记：_____。

3. 圆柱销（公称直径为 8mm，长度为 40mm）。

规定标记：_____。

4. 圆锥销（A 型，公称直径为 8mm，长度为 40mm）。

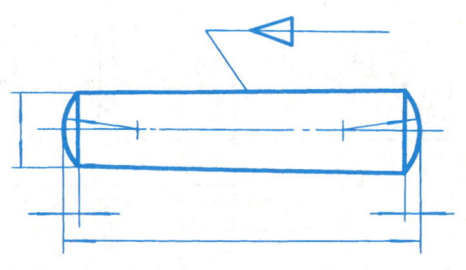

规定标记：_____。

班级　　　　　　　姓名　　　　　　　学号

6-5 螺栓联接与螺钉联接画法(双头螺柱联接画法在6-9中)。

1. 补全螺栓联接三视图中所缺的图线。

2. 分析螺钉联接两视图中的错误，将正确的图形画在右边。

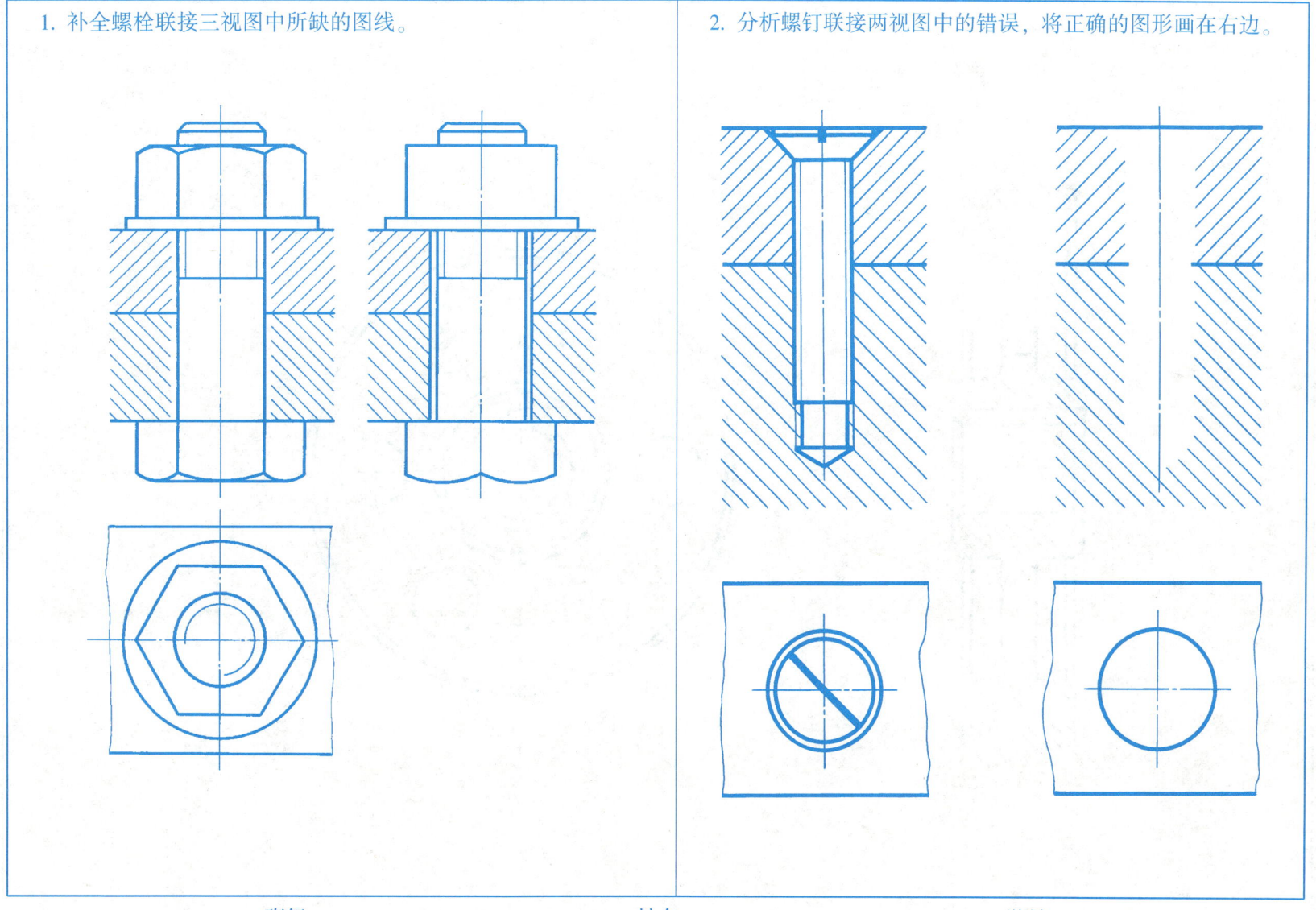

班级　　　　　　　姓名　　　　　　　学号

6-6　已知直齿轮 $m=5$mm、$z=40$，轮齿端部倒角 $C2.5$mm，完成齿轮两视图（比例为 $1:2$），并注出齿顶圆和分度圆的直径尺寸。

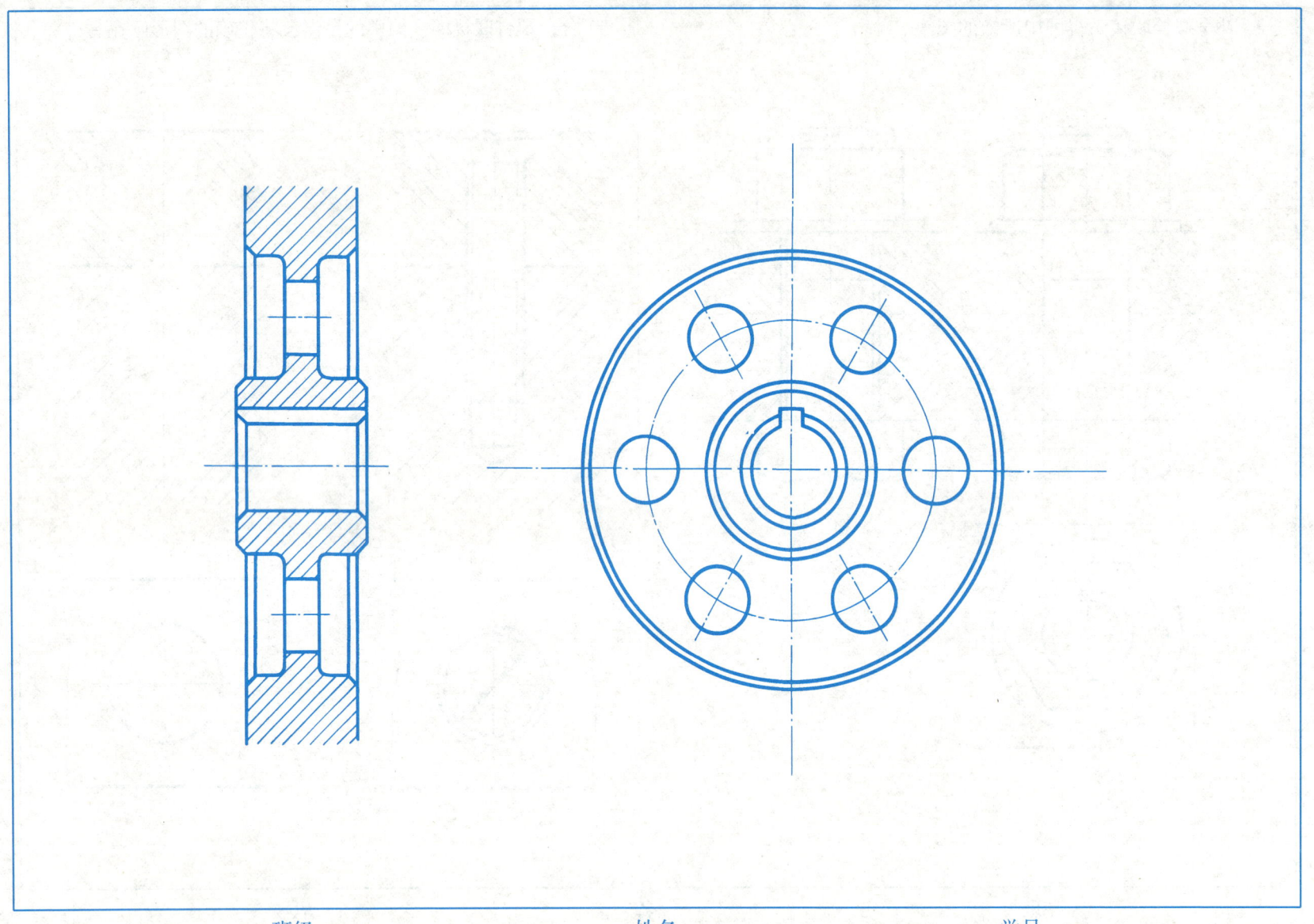

6-7 已知直齿轮大齿轮 $m=4$mm、$z_2=40$，两齿轮中心距 $a=120$mm，试计算大、小齿轮的基本尺寸(填入表中)，并用 1:2 的比例完成啮合图。

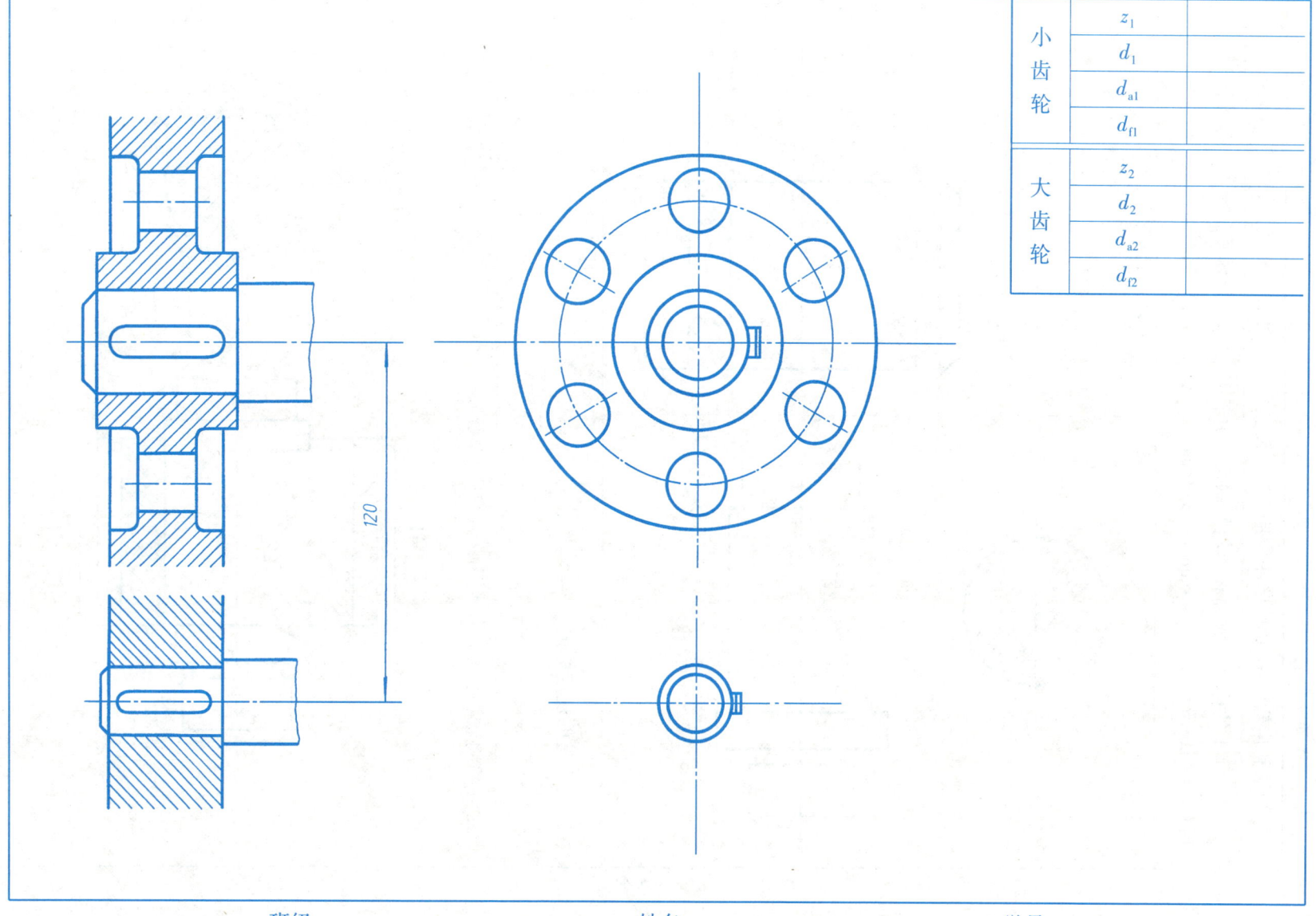

小齿轮	z_1	
	d_1	
	d_{a1}	
	d_{f1}	
大齿轮	z_2	
	d_2	
	d_{a2}	
	d_{f2}	

6-8 键及键联结。

已知轴和齿轮，用 A 型普通平键联结。轴、孔直径为 25mm，键长为 25mm。

1. 按 1：1 的比例完成轴和齿轮的图形，并标注轴、孔及键槽尺寸（已由教材附表 12 中查得：$b=8mm, h=7mm, t_1=4mm, t_2=3.3mm$）。

(1) 轴

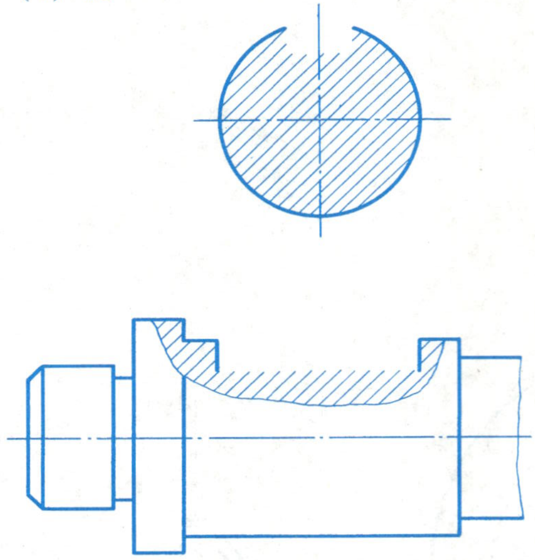

(2) 齿轮

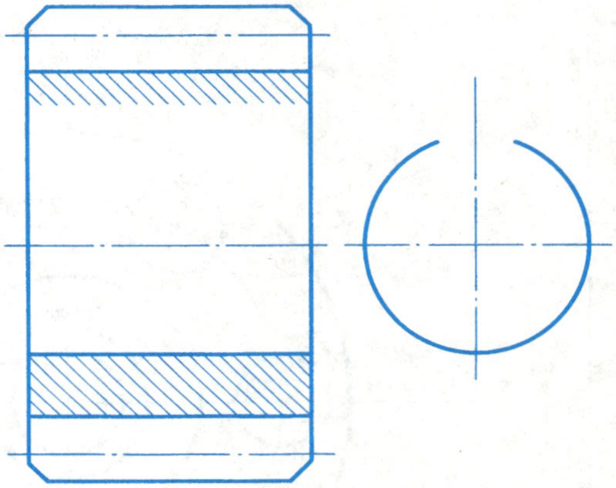

2. 写出键的规定标记。

规定标记：

3. 用键将轴和齿轮联结起来，试完成其联结图。

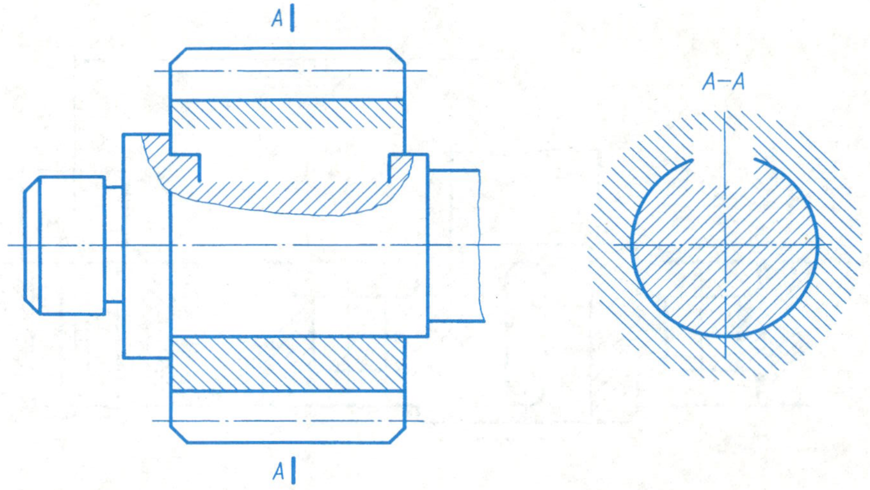

6-9 双头螺柱、圆柱销、滚动轴承的装配画法。

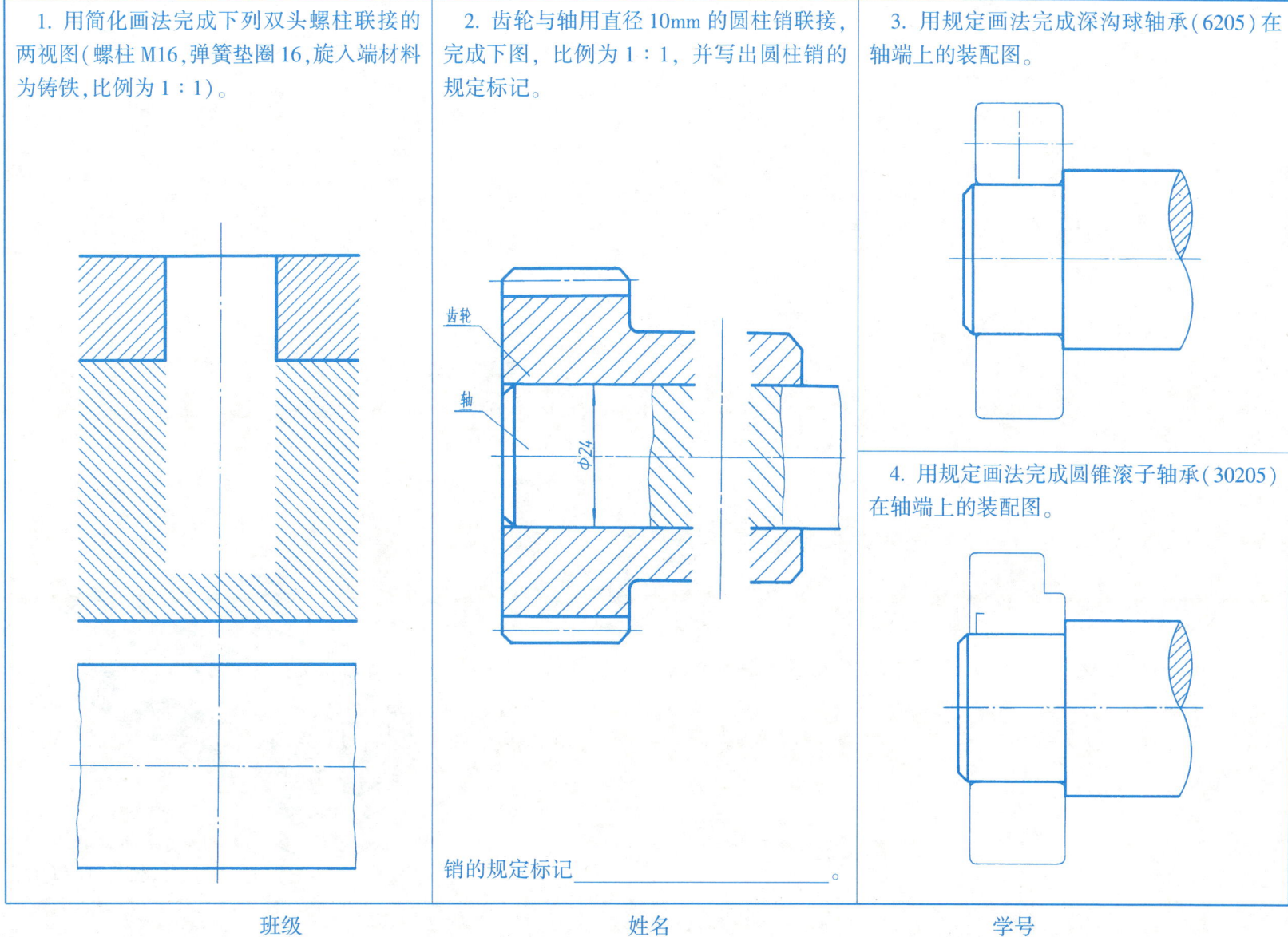

1. 用简化画法完成下列双头螺柱联接的两视图(螺柱 M16,弹簧垫圈 16,旋入端材料为铸铁,比例为 1∶1)。

2. 齿轮与轴用直径 10mm 的圆柱销联接,完成下图,比例为 1∶1,并写出圆柱销的规定标记。

销的规定标记_____。

3. 用规定画法完成深沟球轴承(6205)在轴端上的装配图。

4. 用规定画法完成圆锥滚子轴承(30205)在轴端上的装配图。

| 班级 | 姓名 | 学号 |

七、零件图 7-1 根据轴测图画零件图，并标注尺寸，比例为 1∶2（可根据教学进度分阶段完成）。

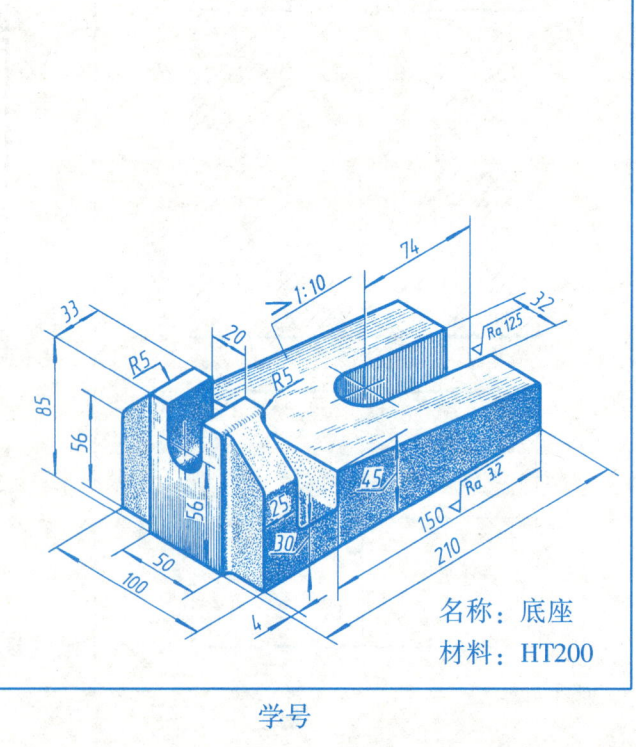

名称：底座
材料：HT200

班级　　　　　　姓名　　　　　　学号

7-2 看懂一对轴承座、轴承盖的零件图，补画所缺的尺寸（注意相关尺寸的一致性）。

7-3 标注表面粗糙度代号。

1. 练习表面粗糙度代号的注写方向：将下图中每个加工表面均标注出表面粗糙度代号（上表面 Ra 值为 3.2μm，下表面 Ra 值为 6.3μm，其余表面 Ra 值为 12.5μm）。

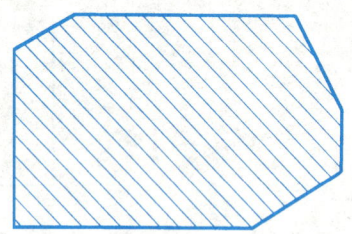

3. 按要求标注表面粗糙度（Ra）代号：ϕ30 孔为 1.6μm，ϕ9 孔为 12.5μm，底面为 6.3μm，其余为铸造表面。

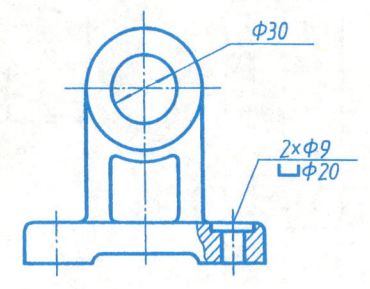

4. 按要求对给出表面注写表面粗糙度代号。

（1）加工表面，Ra 的最大值为 0.8μm。

（2）加工表面，双向极限：上限值 Rz 为 6.3μm，下限值 Ra 为 1.6μm。

2. 将上图标注出的表面粗糙度代号，按"大多数表面结构要求相同"的两种简化注法表示出来。

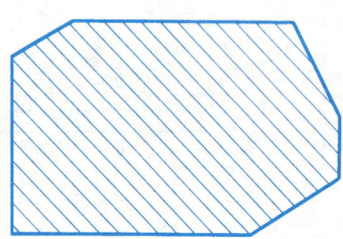

注法一： 注法二：

5. 在齿轮零件图上，按要求标注表面粗糙度代号。

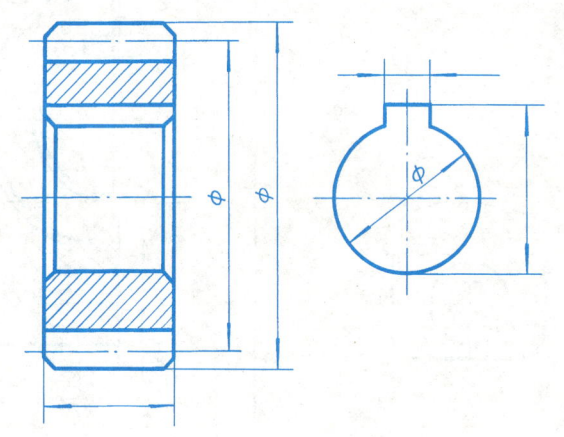

（1）齿轮工作表面、轴孔及键槽两侧面 Ra 值均为 3.2μm。
（2）其余表面 Ra 值为 6.3μm。

7-4 极限与配合(一)。

1. 根据图中的标注，填写下表(只填其数值)。

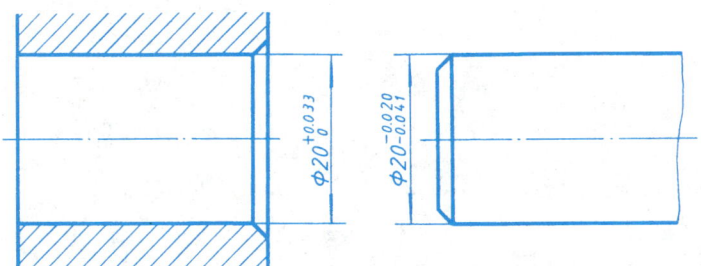

名称	孔或轴	
	孔	轴
公称尺寸		
上极限尺寸		
下极限尺寸		
上极限偏差		
下极限偏差		
公差		

2. 查表，将极限偏差数值填在括号内。

（1）$\phi30H8$　（　　　）

（2）$\phi60JS7$　（　　　）

（3）$\phi25m6$　（　　　）

（4）$\phi40f7$　（　　　）

3. 查表，将公差带代号写在公称尺寸之后。

孔 $\begin{cases} \phi70 & (\pm0.015) \\ \phi20 & \begin{pmatrix}+0.006\\-0.015\end{pmatrix} \end{cases}$

轴 $\begin{cases} \phi30 & \begin{pmatrix}-0.020\\-0.041\end{pmatrix} \\ \phi35 & \begin{pmatrix}+0.018\\+0.002\end{pmatrix} \end{cases}$

4. 根据孔、轴的极限偏差，判定其配合类别，画出其公差带图解(孔的公差带画剖面线,轴的公差带涂黑)。

（1）　　　　　　　　　|←孔→|←轴→|

孔：$\phi120^{+0.087}_{0}$

轴：$\phi120^{-0.120}_{-0.207}$

_____制，_____配合。

（2）

孔：$\phi50^{+0.035}_{0}$

轴：$\phi50^{+0.018}_{+0.002}$

_____制，_____配合。

（3）

孔：$\phi100^{-0.058}_{-0.093}$

轴：$\phi100^{0}_{-0.022}$

_____制，_____配合。

班级　　　　姓名　　　　学号

101

7-5 极限与配合(二)。

1. 根据配合代号及孔、轴的上、下极限偏差，判别配合基准制和类别，并辨认其公差带图(在空圈内填上相应编号)。

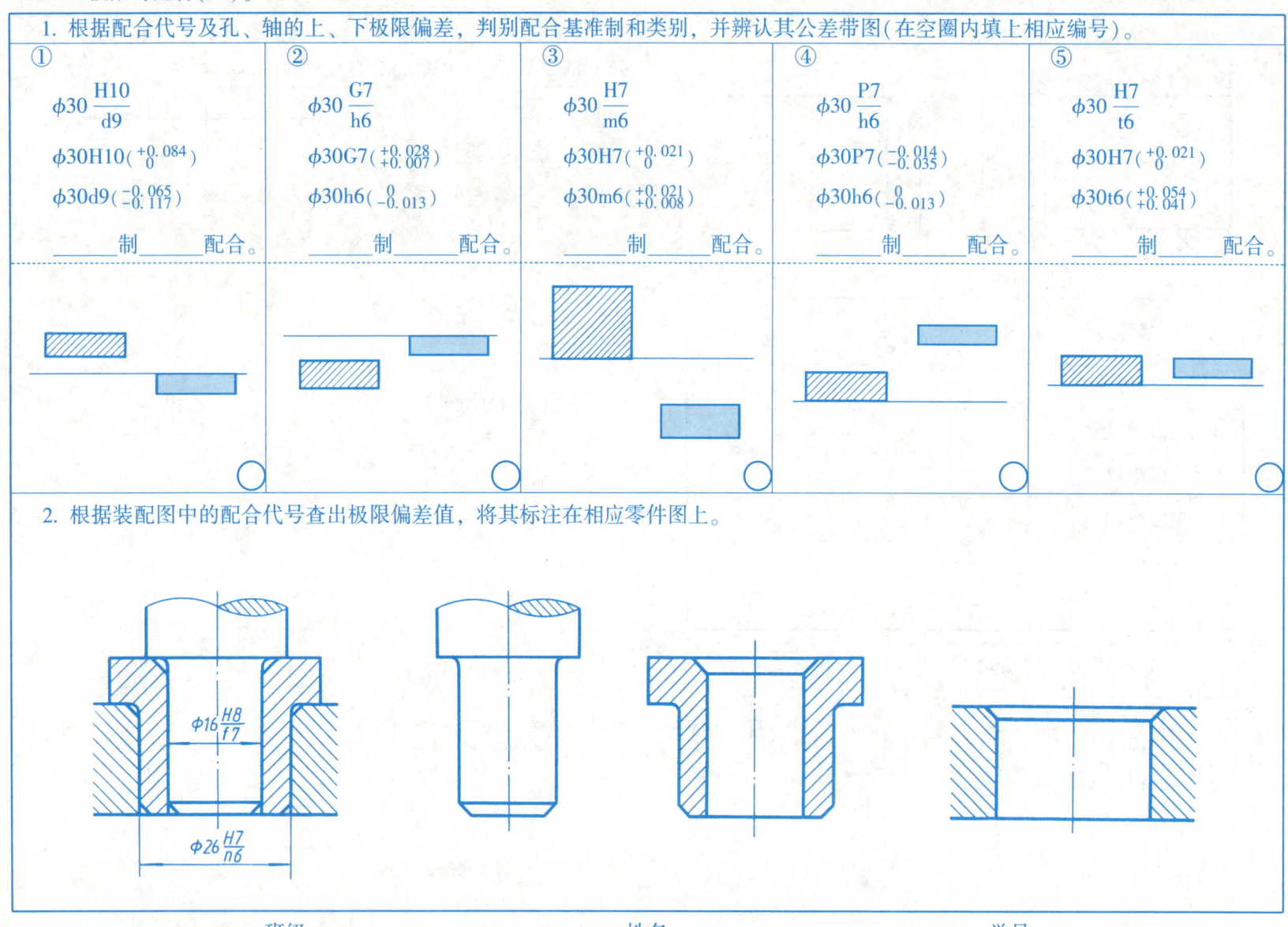

2. 根据装配图中的配合代号查出极限偏差值，将其标注在相应零件图上。

7-6 填空说明图中所注几何公差的意义。

部分填空内容从以下词语中选取：右端面，底面，圆柱、圆孔中心线，圆柱面，圆柱、圆孔轴线，槽的中心面，基准中心平面。

1. 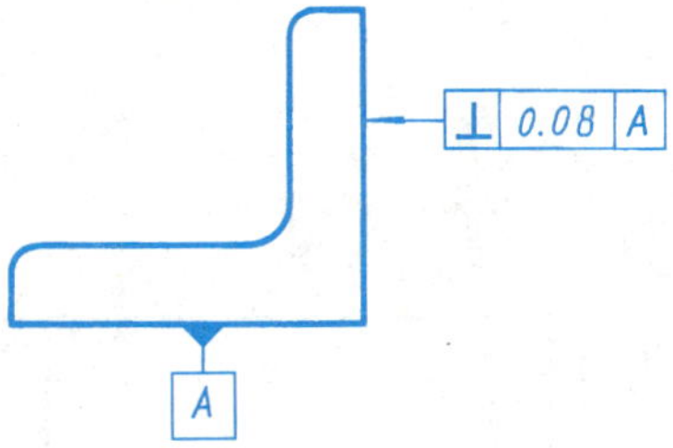
（1）被测要素为_____；
（2）_____公差为_____；
（3）基准要素 A 为_____。

2. 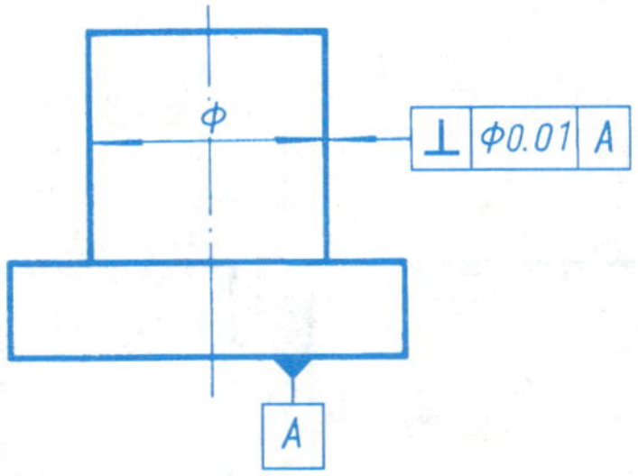
（1）被测要素为_____；
（2）_____公差为_____；
（3）基准要素 A 为_____。

3. 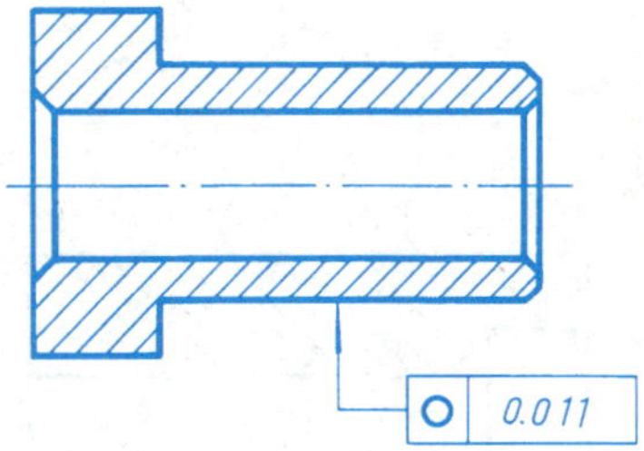
（1）被测要素为_____；
（2）_____公差为_____。

4. 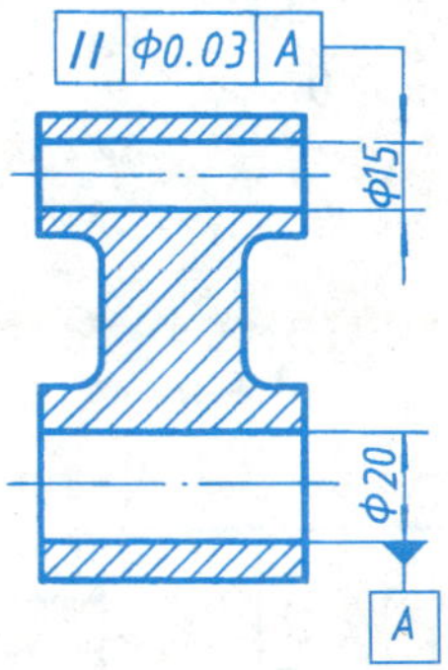
（1）被测要素为_____；
（2）_____公差为_____；
（3）基准要素 A 为_____。

5. 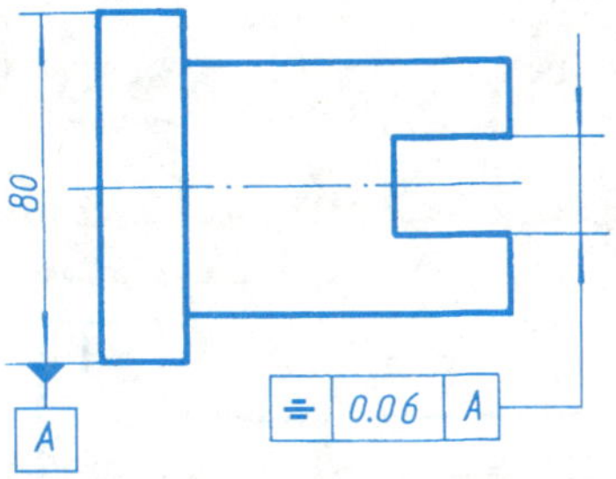
（1）被测要素为_____；
（2）_____公差为_____；
（3）基准要素 A 为_____。

6. 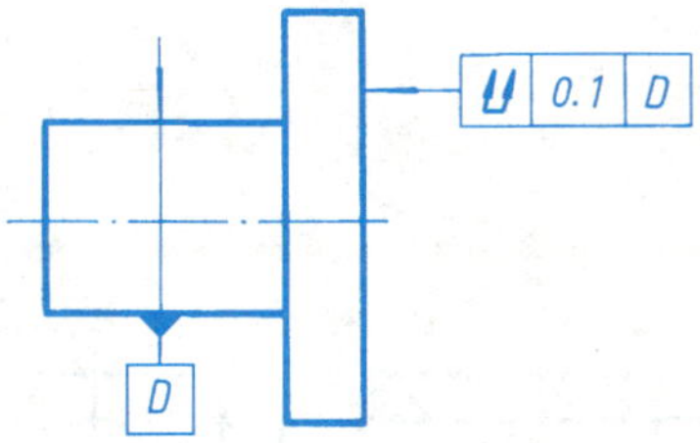
（1）被测要素为_____；
（2）_____公差为_____；
（3）基准要素 D 为_____。

| 班级 | 姓名 | 学号 |

7-7 将下列用文字表示的几何公差,用框格标注法表示出来。

1. φ30 圆柱面素线的直线度公差为 0.015。

2. 缺口四棱柱上表面的平面度公差为 0.05。

3. φ30 表面的圆柱度公差为 0.1。

4. φ10 孔中心线对底面的平行度公差为 0.04。

5. φ30 圆柱右端面对 φ15 圆柱轴线的垂直度公差为 0.08。

6. φ30 圆柱表面对两端 φ15 公共轴线的径向圆跳动公差为 0.1。

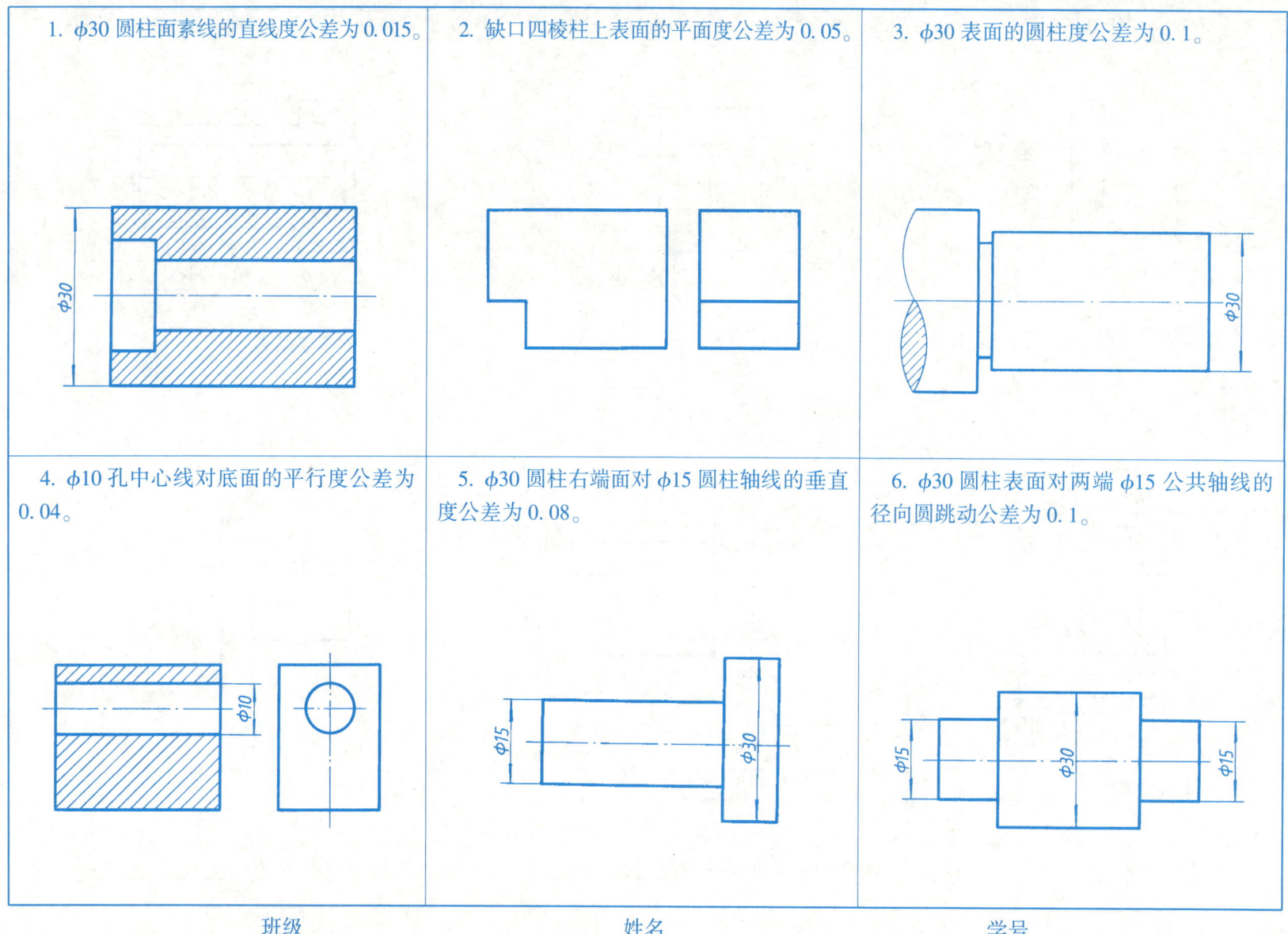

7-8 零件测绘。

作业 5 零件测绘

一、作业目的

1. 熟悉和掌握零件测绘的方法和步骤。
2. 训练独立选择零件的表达方案、标注尺寸和注写技术要求的能力。

二、内容与要求

1. 测绘一个零件，完成其零件草图。
2. 草图应画在 A3 图纸或坐标纸上。
3. 测绘的对象可为单个零件，亦可选用后续部件测绘时所用部件中的某个零件。如没有，也可用下页所示的轴测图代替零件。
4. 所绘草图内容完整、符合要求。

三、注意事项

1. 零件测绘应认真，不得潦草。
2. 测绘步骤应清晰，选择视图、标注尺寸、注写技术要求应依次进行。
3. 选择视图表达方案应在草纸上进行，最好多选几组方案，从中选优。
4. 标注尺寸时，应先选定尺寸基准，再按形体分析法确定并标注定形、定位和总体尺寸；要注意与相关零件尺寸协调一致；先集中画出所有的尺寸线、尺寸界线和箭头，再逐一测量、填写尺寸数字。
5. 零件上标准结构要素(如螺纹、键槽、销孔等)，应查表予以标准化。
6. 草图完成后要认真检查，及时纠正错漏之处。

作业 6 由零件草图绘制零件工作图

一、作业目的

1. 熟悉和掌握由零件草图绘制零件工作图的方法和步骤。
2. 综合运用学过的知识，提高绘制生产中实用零件图的能力。

二、内容与要求

1. 根据测绘出的零件草图，绘制完整的零件工作图。
2. 用 A3 图纸绘制。

三、注意事项

1. 作图时，要以所绘之图一经脱手即将投入生产的心态，严肃、认真、高度负责地进行。
2. 全面调用已学的知识，综合加以应用。所绘的零件图：

(1) 要符合标准(如视图画法及其标注、尺寸的标注、技术要求的注写，标准结构的画法、标注以及查表进行标准化等)。

(2) 尽量符合生产实际(如工艺结构的合理性，所注尺寸应便于加工和测量，表面粗糙度、尺寸公差、几何公差的选用既能保证零件的质量，又能降低零件的制作成本等)。

为此，要对零件草图进行全面审视。对有问题的地方，要翻看教材、查阅标准中的相关知识或请教他人。

3. 布图合理，图形简洁，尺寸完整、清晰，字迹工整，便于他人看图。
4. 认真填写标题栏。

班级　　　　　姓名　　　　　学号

7-9 零件测绘作业题(零件材料:HT150)。

1. 底座

2. 阀体

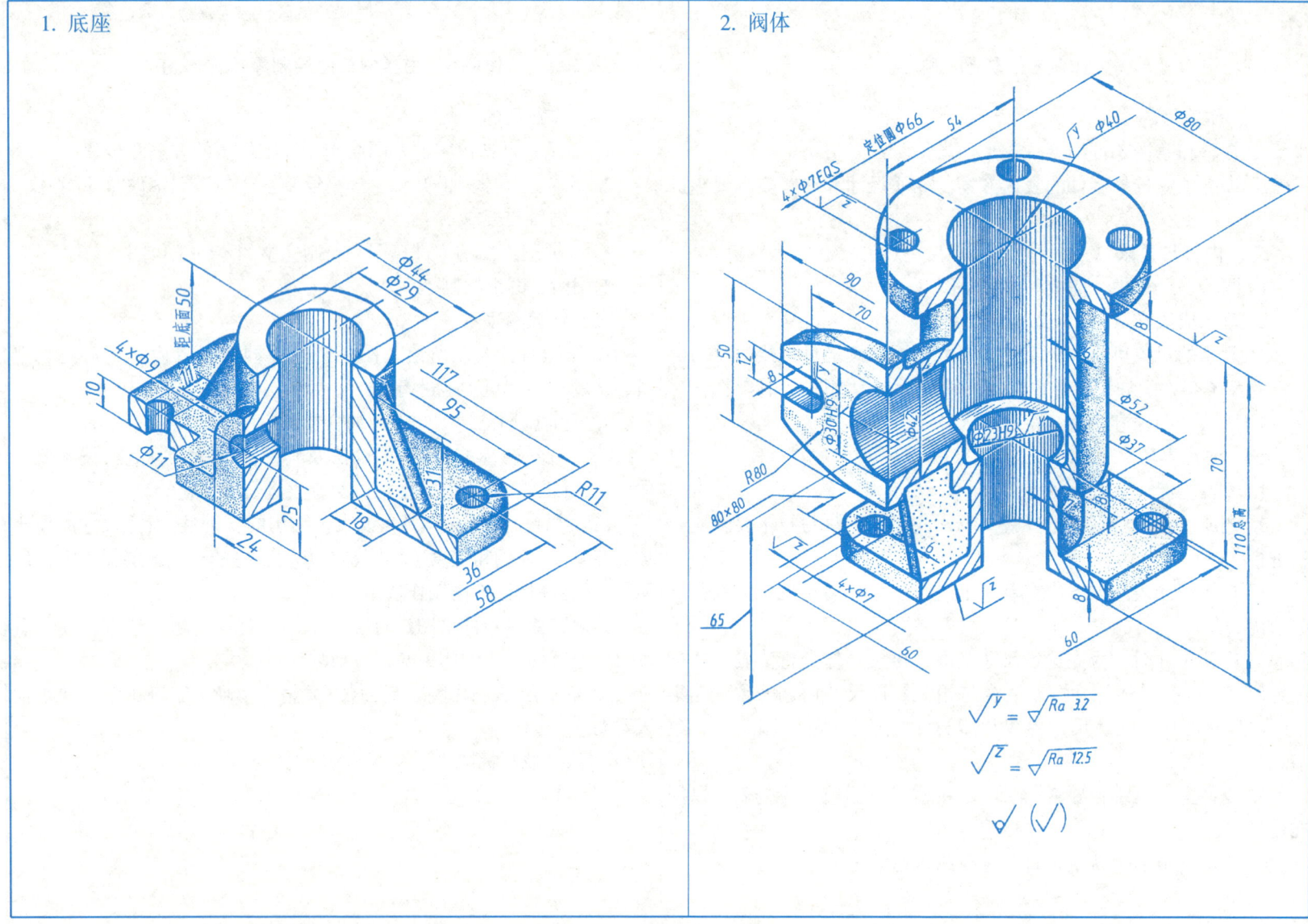

班级　　　姓名　　　学号

7-10 读底座零件图，在指定位置补画局部视图 B 并标注其尺寸（数值按比例算出）和表面粗糙度代号（立体图见 128 页）。

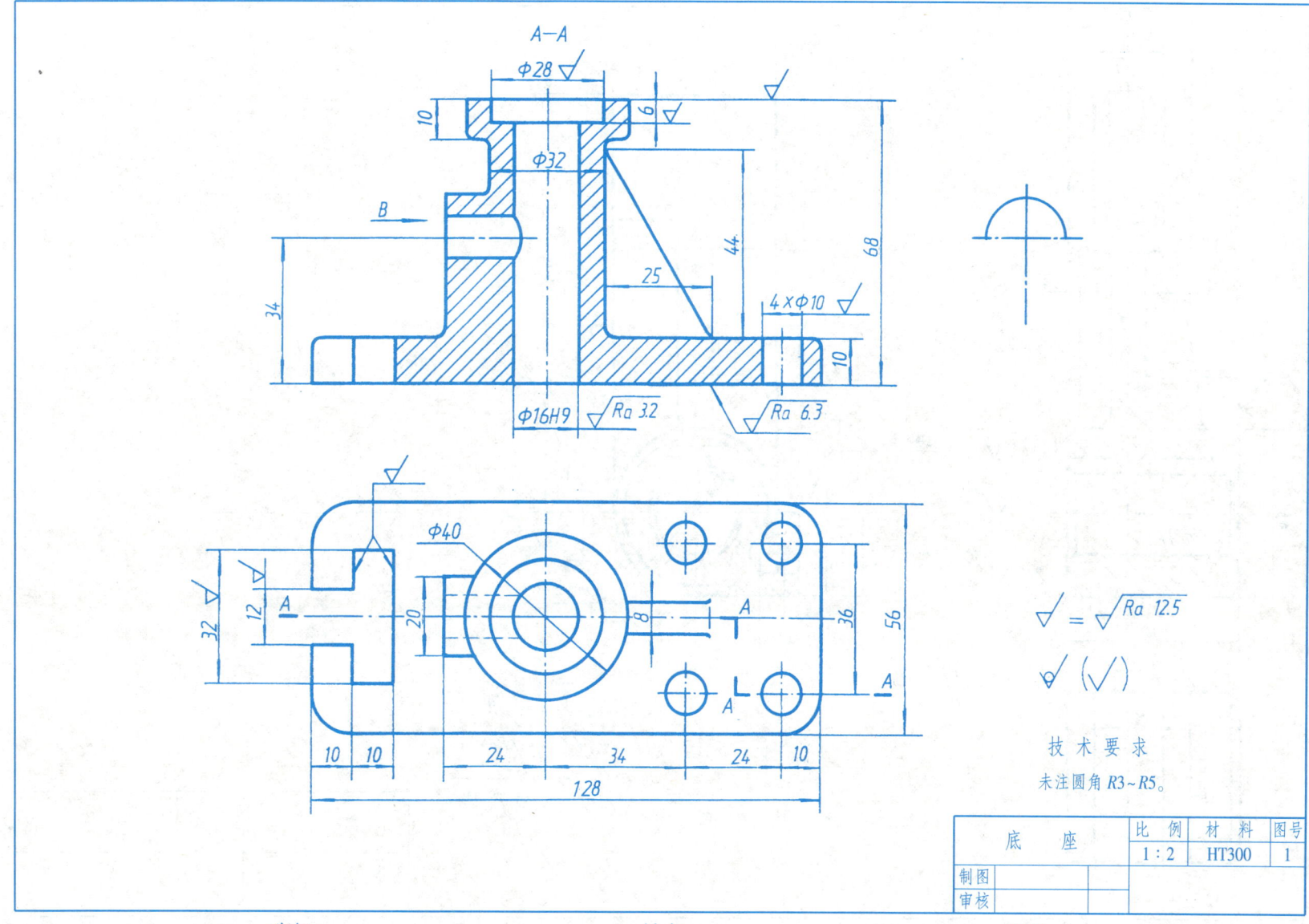

7-11 读拨叉零件图(该零件轴测图见127页)。

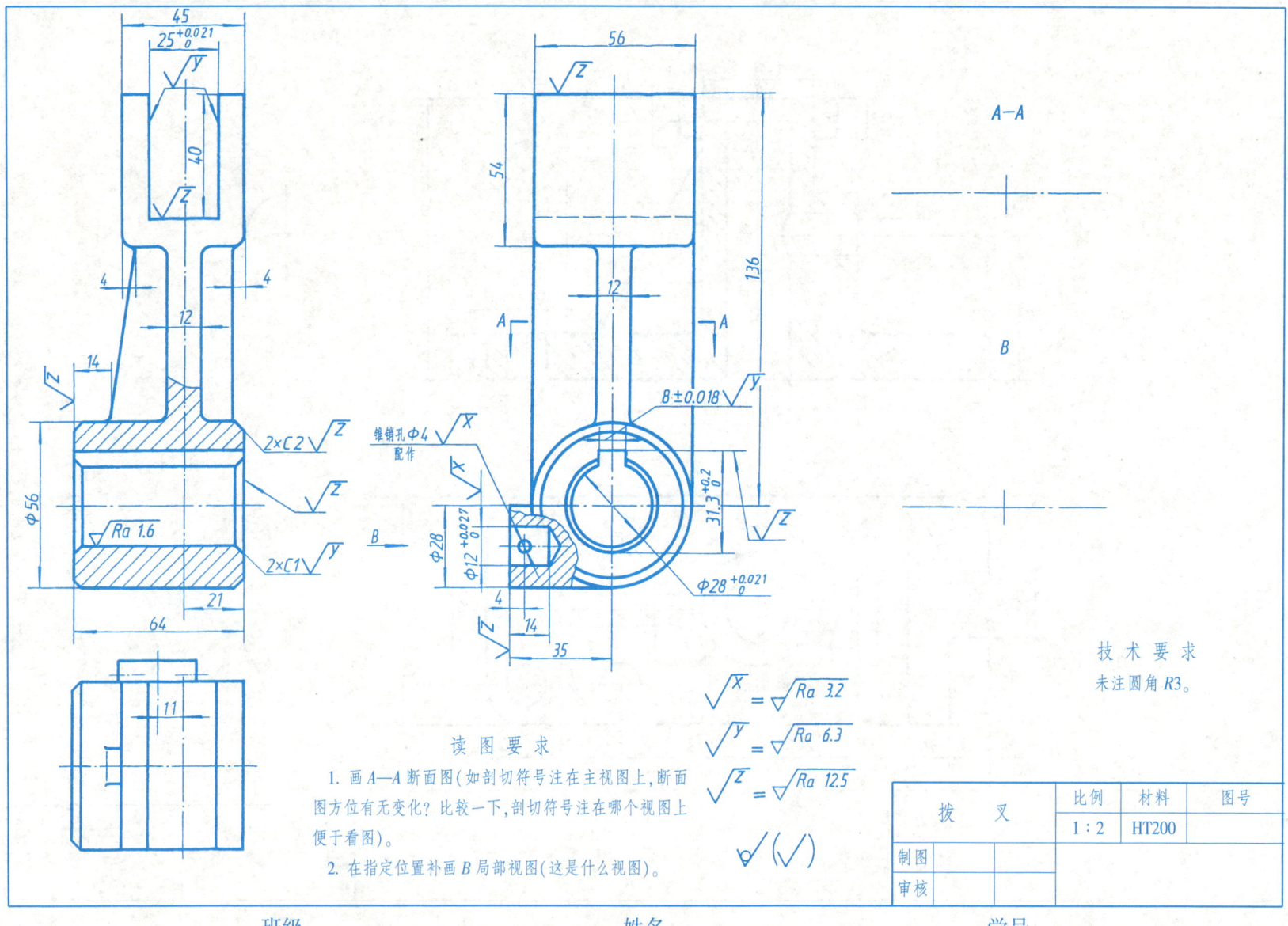

7-12 读夹具体零件图(该零件的轴测图见127页)。

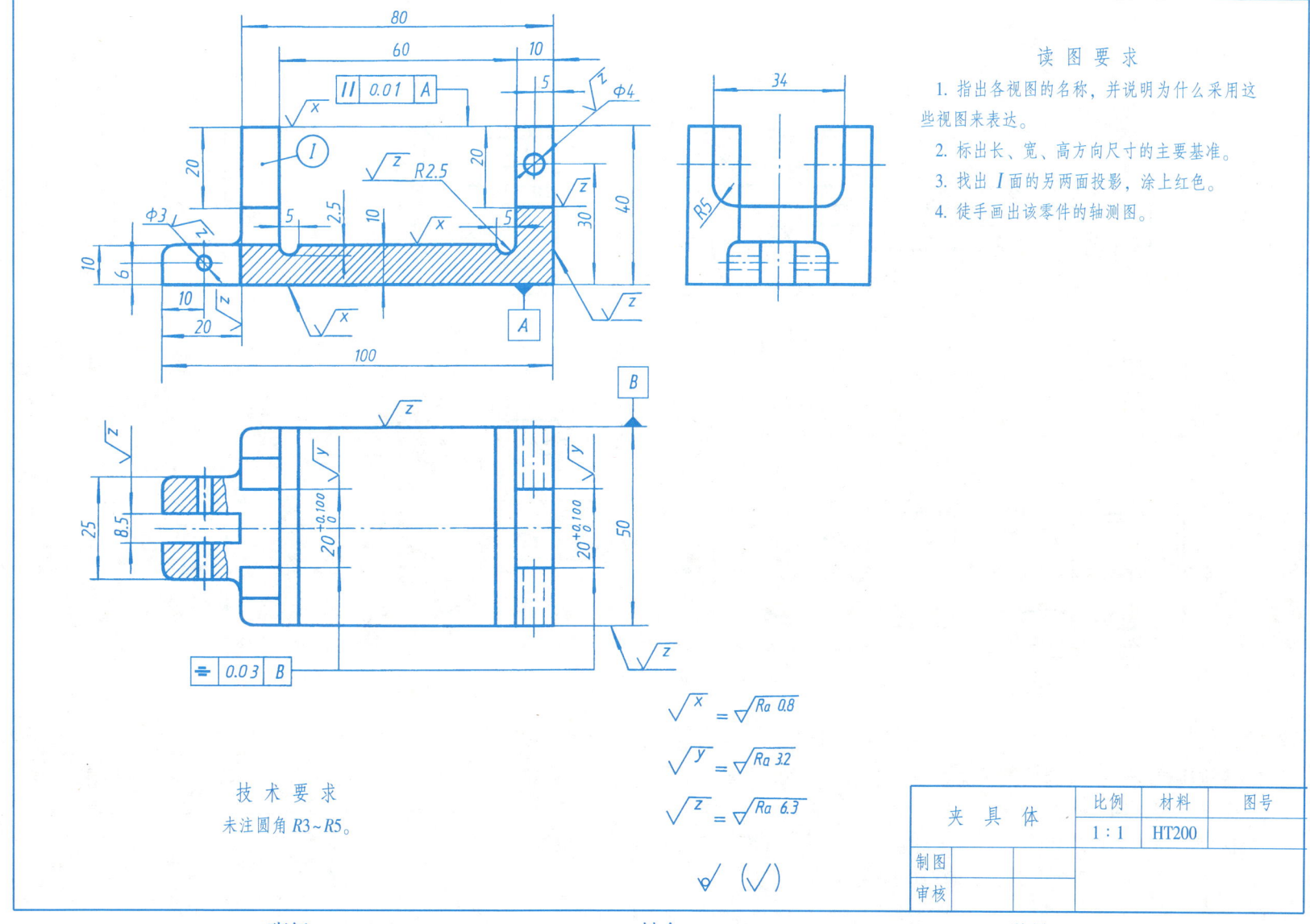

7-13 读箱体零件图，在指定位置补画左视图(不剖)和 D—D 断面图，并回答下列问题(选做题,轴测图见 127 页)。

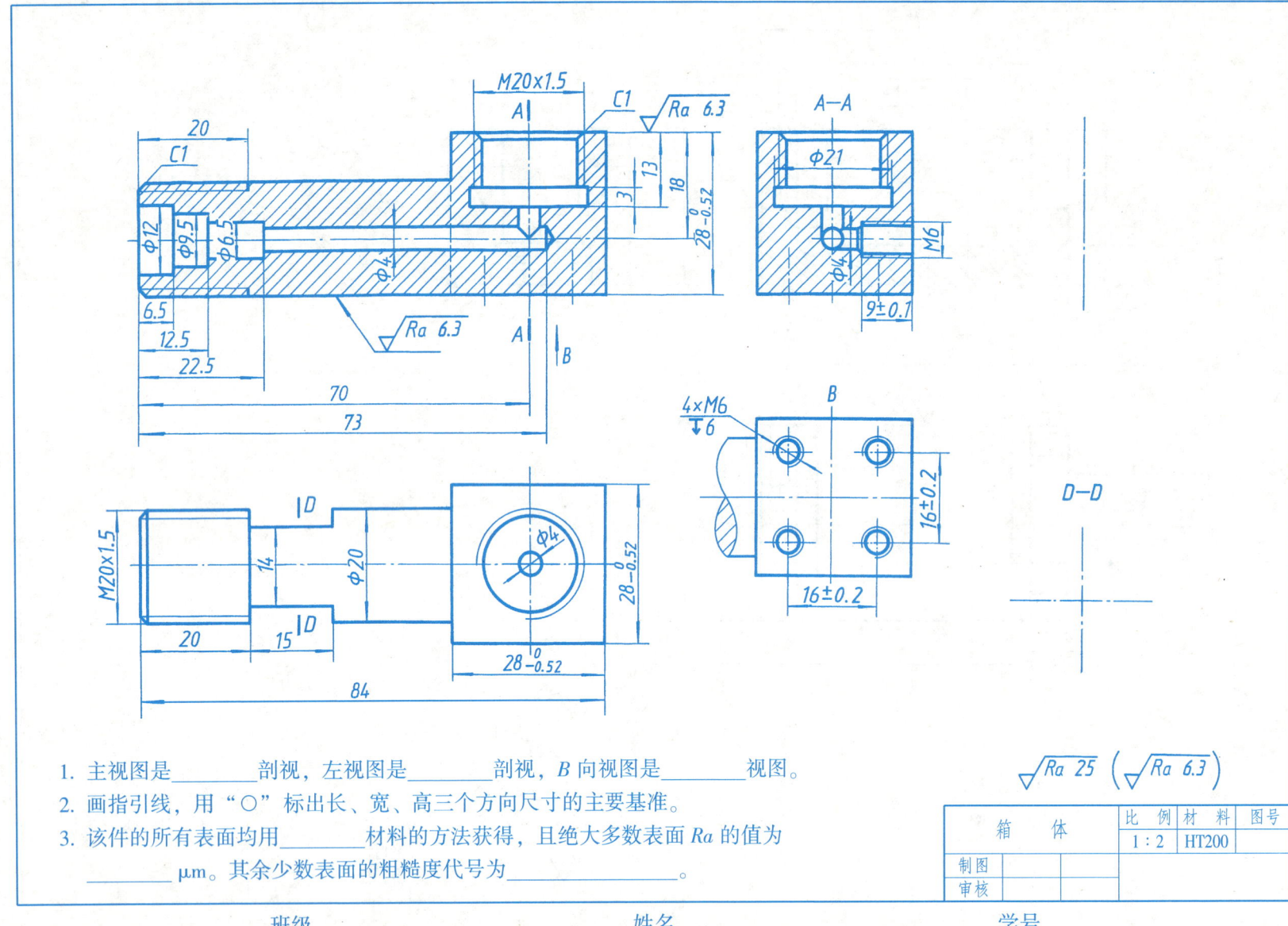

1. 主视图是_____剖视，左视图是_____剖视，B 向视图是_____视图。
2. 画指引线，用"○"标出长、宽、高三个方向尺寸的主要基准。
3. 该件的所有表面均用_____材料的方法获得，且绝大多数表面 Ra 的值为_____μm。其余少数表面的粗糙度代号为_____。

7-14 读底座零件图,并回答下列问题(选做题,轴测图见127页)。

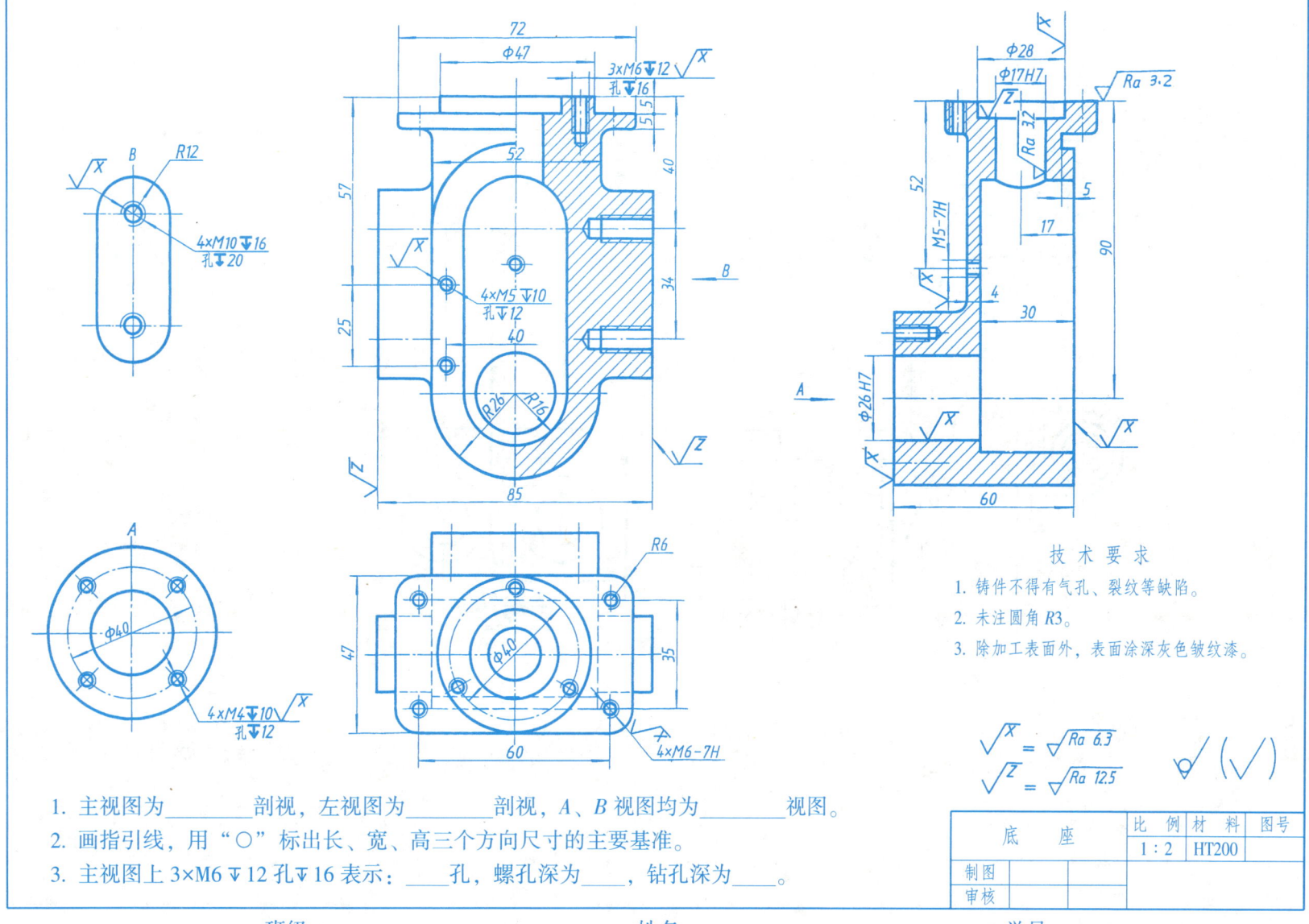

1. 主视图为_____剖视,左视图为_____剖视,A、B视图均为_____视图。
2. 画指引线,用"〇"标出长、宽、高三个方向尺寸的主要基准。
3. 主视图上 3×M6▼12 孔▼16 表示:____孔,螺孔深为____,钻孔深为____。

班级　　　　　　　姓名　　　　　　　学号

7-15 识读托架零件图(选做题,零件轴测图见128页)

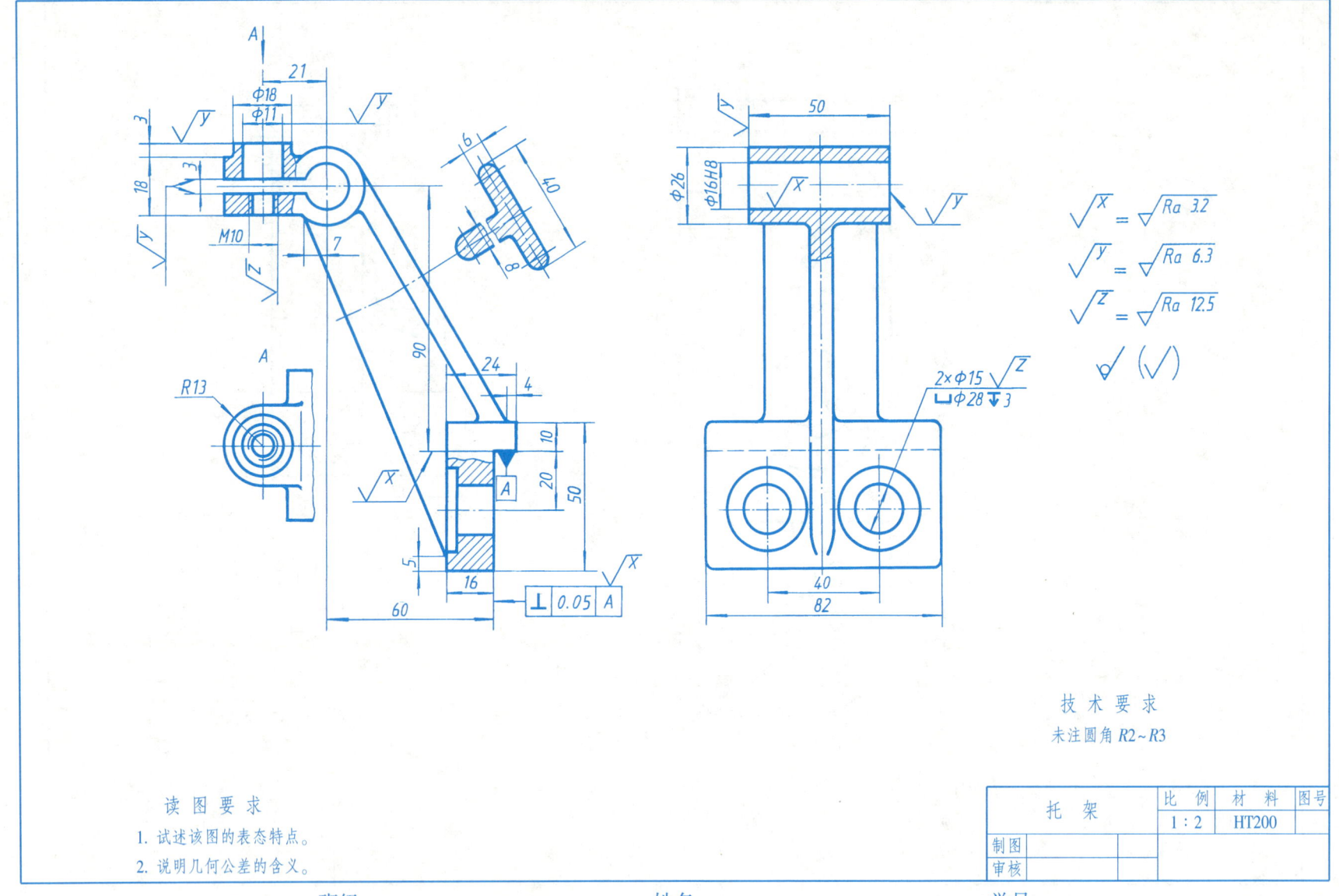

技 术 要 求

未注圆角 R2~R3

读图要求
1. 试述该图的表态特点。
2. 说明几何公差的含义。

7-16 识读十字接头零件图(选做题,零件轴测图见 128 页)

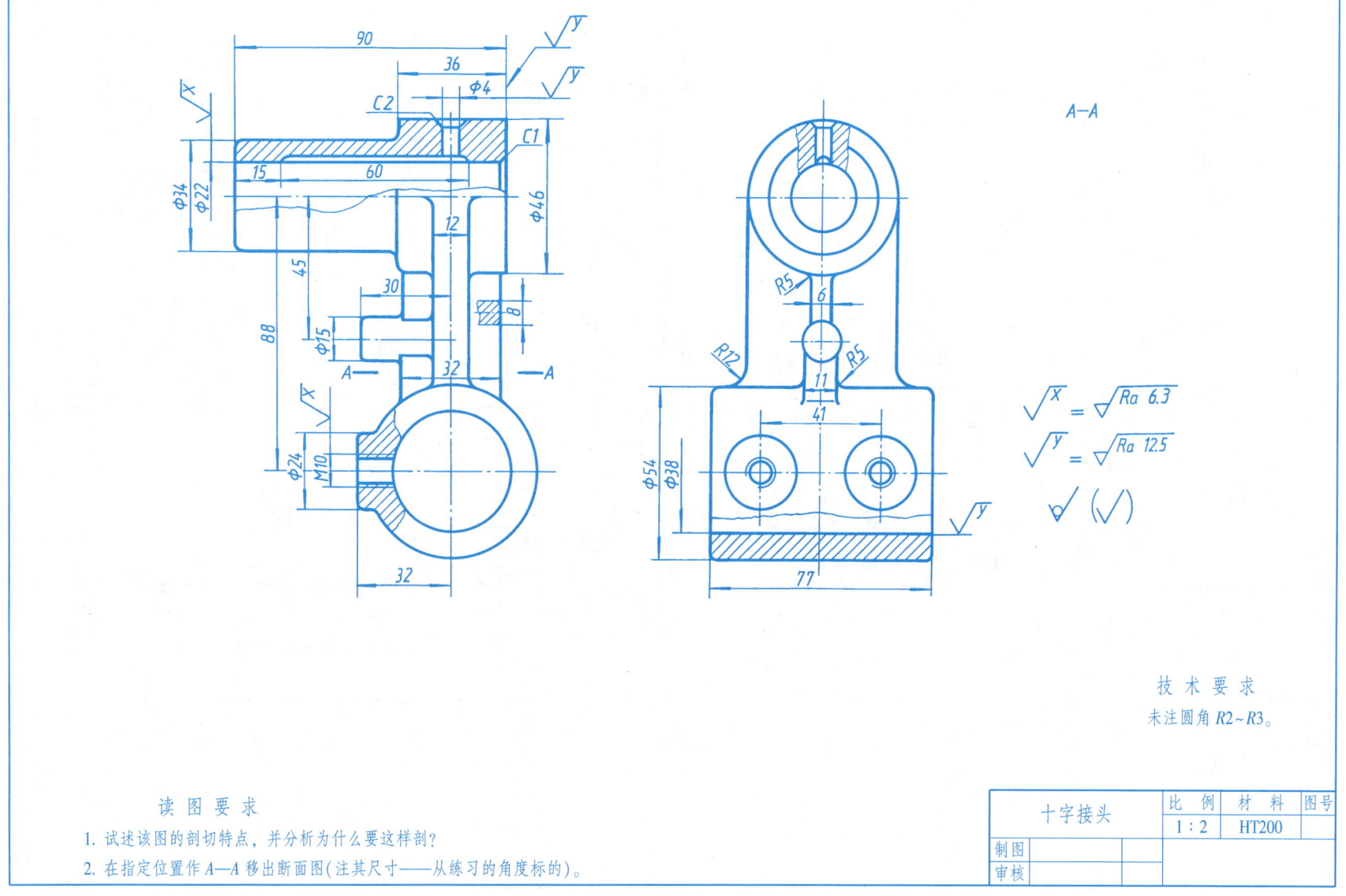

读图要求
1. 试述该图的剖切特点,并分析为什么要这样剖?
2. 在指定位置作 A—A 移出断面图(注其尺寸——从练习的角度标的)。

八、装配图 8-1 根据千斤顶的装配示意图和零件图，画装配图。

作业 7 画装配图作业指导书

一、作业目的
1. 熟悉和掌握装配图的内容和装配图的表达方法。
2. 了解绘制装配图的方法。

二、内容与要求
1. 按教师指定的题目，根据零件图绘制一张装配图。
2. 图幅由教师确定。

三、注意事项（画图步骤）

1. 初步了解。根据名称和装配示意图，对装配体的功能进行粗略分析，将其与零件图的相应序号相对照，区分一般零件和标准件，并确定其数量，分析装配图的复杂程度及大小。

2. 详读零件图。依据示意图详读零件图，进而分析装配顺序、零件之间的装配关系、连接方法，弄清传动路线、工作原理。

3. 确定表达方案，选择主视图和其他视图。

4. 合理布图。先画出各视图的作图基准线（主要装配干线、对称线等）。

5. 拟定画图顺序。画剖视图时，一般从装配干线入手，由内向外逐个画出各个零件的投影（也可酌情由外向内绘制）。

6. 注意相邻零件剖面线的画法。标注尺寸，填写技术要求，编好序号。

7. 作图后，应按装配图的内容，认真做一次全面检查和修正。

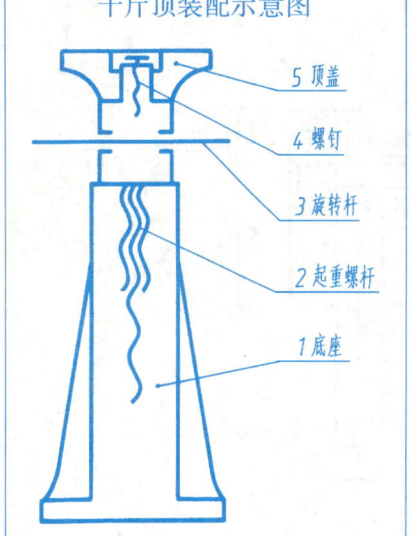

千斤顶装配示意图

5 顶盖
4 螺钉
3 旋转杆
2 起重螺杆
1 底座

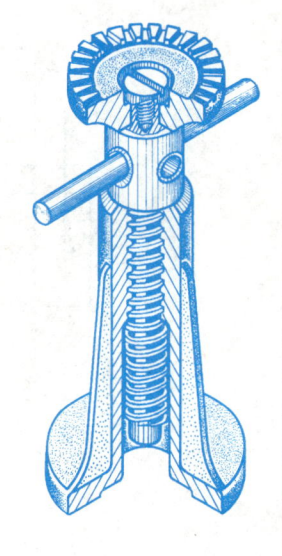

千斤顶工作原理

千斤顶是顶起重物的部件。使用时，需按逆时针方向转动旋转杆 3，使起重螺杆 2 向上升起，通过顶盖 5 将重物顶起。

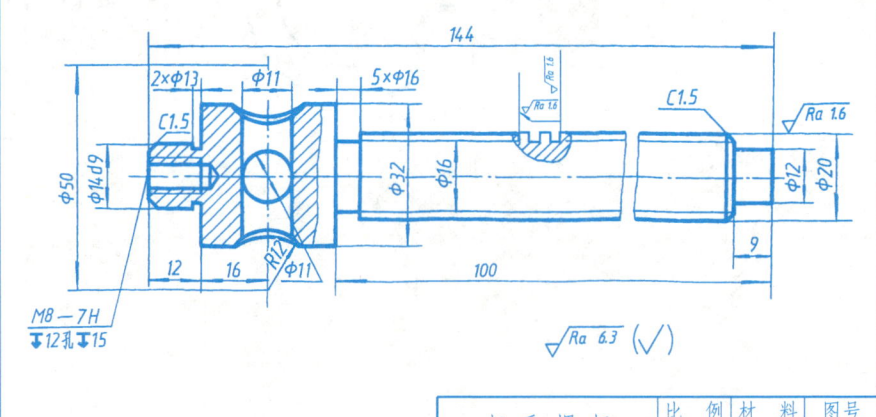

起重螺杆 比例 1:2 材料 45 图号 2

班级　　　　姓名　　　　学号

8-2 千斤顶零件图(续)。

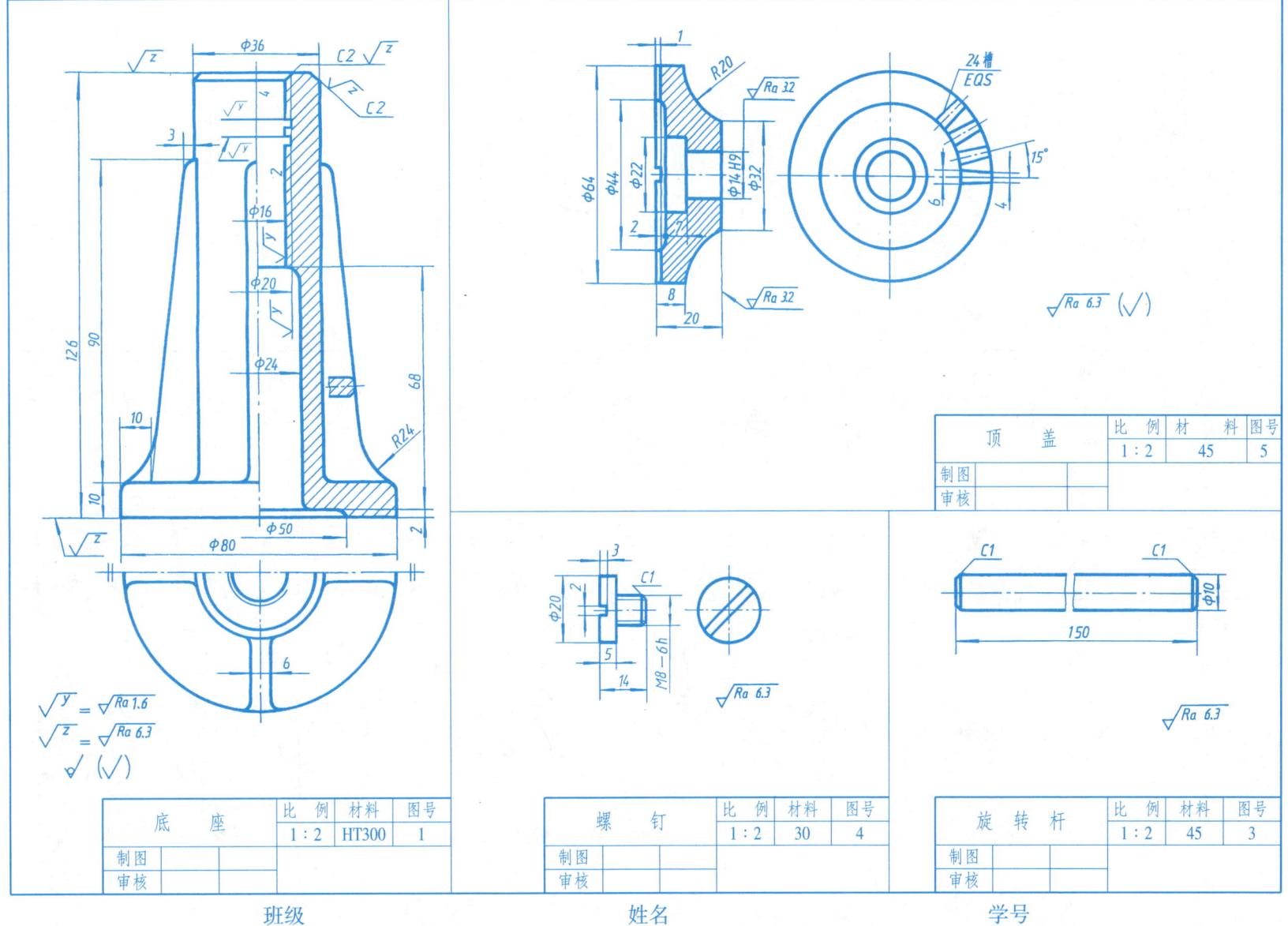

8-3 根据铣刀头的装配示意图和零件图，画装配图。

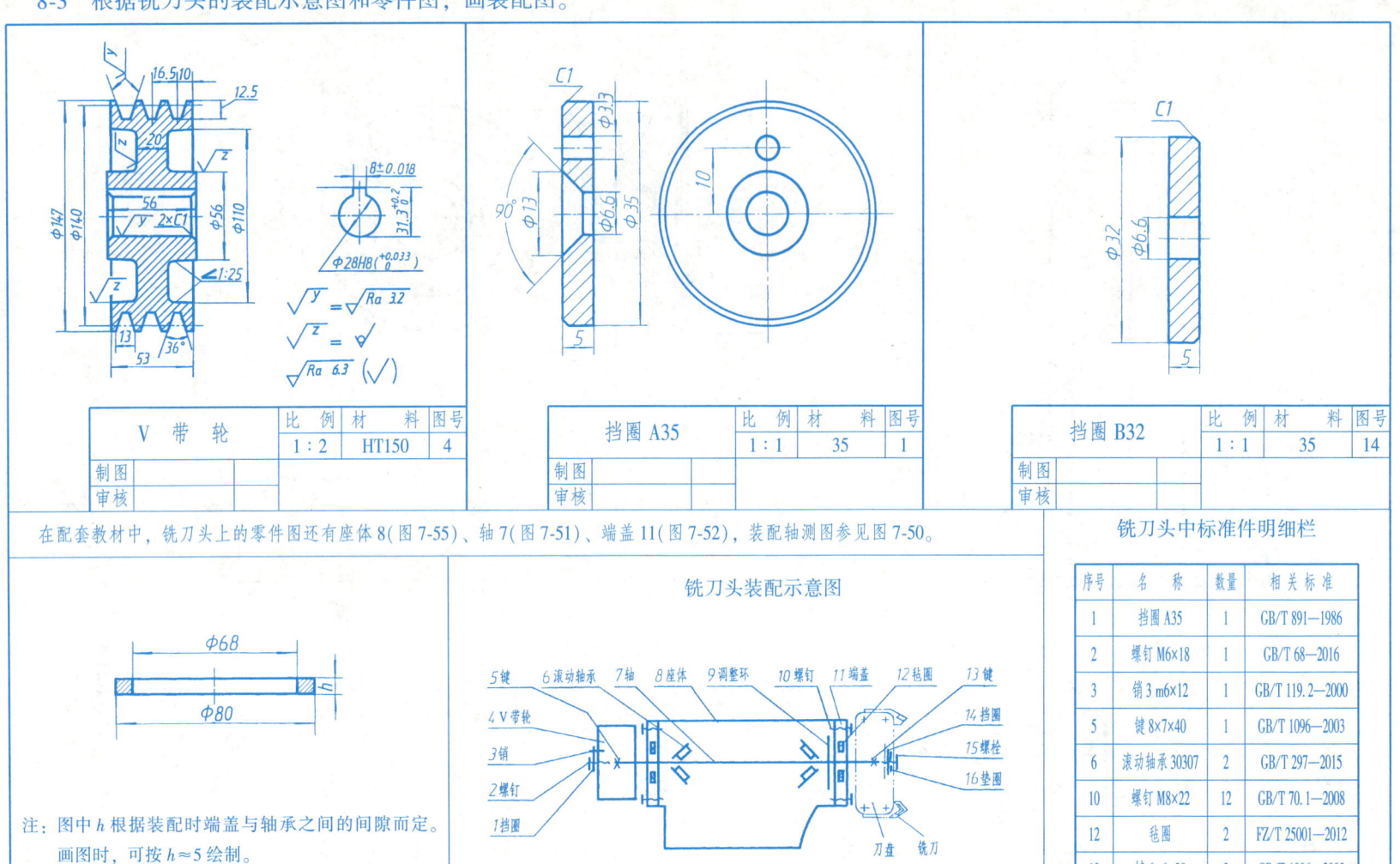

8-4 装配体测绘和由装配图拆画零件图。

作业 8　装配体测绘

一、作业目的
1. 掌握装配体测绘的方法和步骤。
2. 掌握装配图的绘制方法。

二、内容与要求
1. 按教师指定的装配体，绘制装配示意图、零件草图、装配图和部分主要零件的零件工作图。
2. 零件草图画在 A3 图纸上，对较小的零件，其草图可分格绘制。
3. 将标准件集中记录在一张纸上，按序号分格记录其名称、数量、规格和标准号。
4. 零件草图、装配图（含零件工作图）应分别按 A3 图纸横放，装订成册。

三、注意事项
1. 注意装配体的拆卸顺序，无法拆卸者不可硬拆，以防损坏零件。
2. 装配示意图应按装配体的工作位置画出，并应与画装配图的主视方向相一致。
3. 标准件应集中保管。对不能按比例画法绘制的标准件，查阅相应标准后亦应画出其草图，为画装配图所备用。
4. 应注意有装配、连接关系相关零件之间的协调性（如尺寸、表面粗糙度等）。
5. 注意完整性问题（因反复拆、装，有些装配体上原有的密封件已丢失，绘图时不可遗漏）。

作业 9　由装配图拆画零件图

一、作业目的
1. 掌握由装配图拆画零件图的方法和步骤。
2. 提高识读装配图和绘制零件图的能力。

二、内容与要求
1. 按教师指定的题目，拆画零件图。
2. 按教师指定的题目，拆画零件草图。

三、注意事项
1. 拆画零件图应在基本读懂装配图、弄清其装配体工作原理的基础上进行。
2. 装配图中所示的零件图形、结构形状往往不甚完整，尺寸不全，技术要求又很有限。因此，拆图时，除了按画零件图的要求，使其具备完整的内容外，还要特别注意它与相关零件在结构形状、尺寸、表面粗糙度、极限与配合、几何公差、连接方式等方面的协调性或一致性。
3. 充分考虑零件工艺结构的合理性和标准件的标准化。
4. 拆画后，要认真地进行检查：以按此图加工出的零件组装成装配体，确保其功能的实现为尺度，重新审视、检查所有零件和标准件的可靠性，综合考虑组装的可能性、合理性和相关零件的协调性，以保证机器能够有效地"动"起来。

8-5 识读拆卸器的装配图(拆画件5的零件草图。装配体的轴测图见127页)。

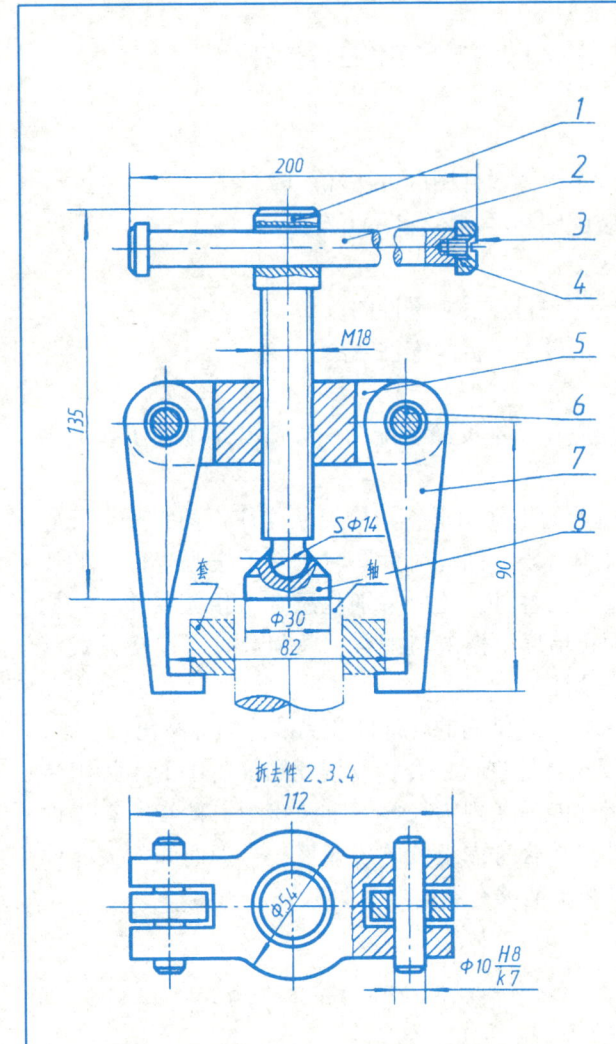

拆卸器的工作原理

拆卸器用来拆卸紧密配合的两个零件。工作时，压紧垫8与轴端接触，使抓子7勾住轴上要拆卸的轴承或套，顺时针转动把手2，使压紧螺杆1转动，由于螺纹的作用，横梁5此时沿压紧螺杆1上升，通过横梁两端的销轴，带着两个抓子7上升，直至将轴承或套从轴上拆下。

8	压紧垫	1	45	
7	抓子	2	45	
6	销轴10×60	2	45	
5	横梁	1	Q235A	
4	挡圈	1	Q235A	
3	沉头螺钉M5×8	1		GB/T 68—2016
2	把手	1	Q235A	
1	压紧螺杆	1	45	
序号	名称	数量	材料	备注

拆卸器	比例	1:2	共张
	重量		第张

制图
审核

班级　　　　　姓名　　　　　学号

8-6 读旋阀装配图,并拆画件1的零件草图(画在右方)。

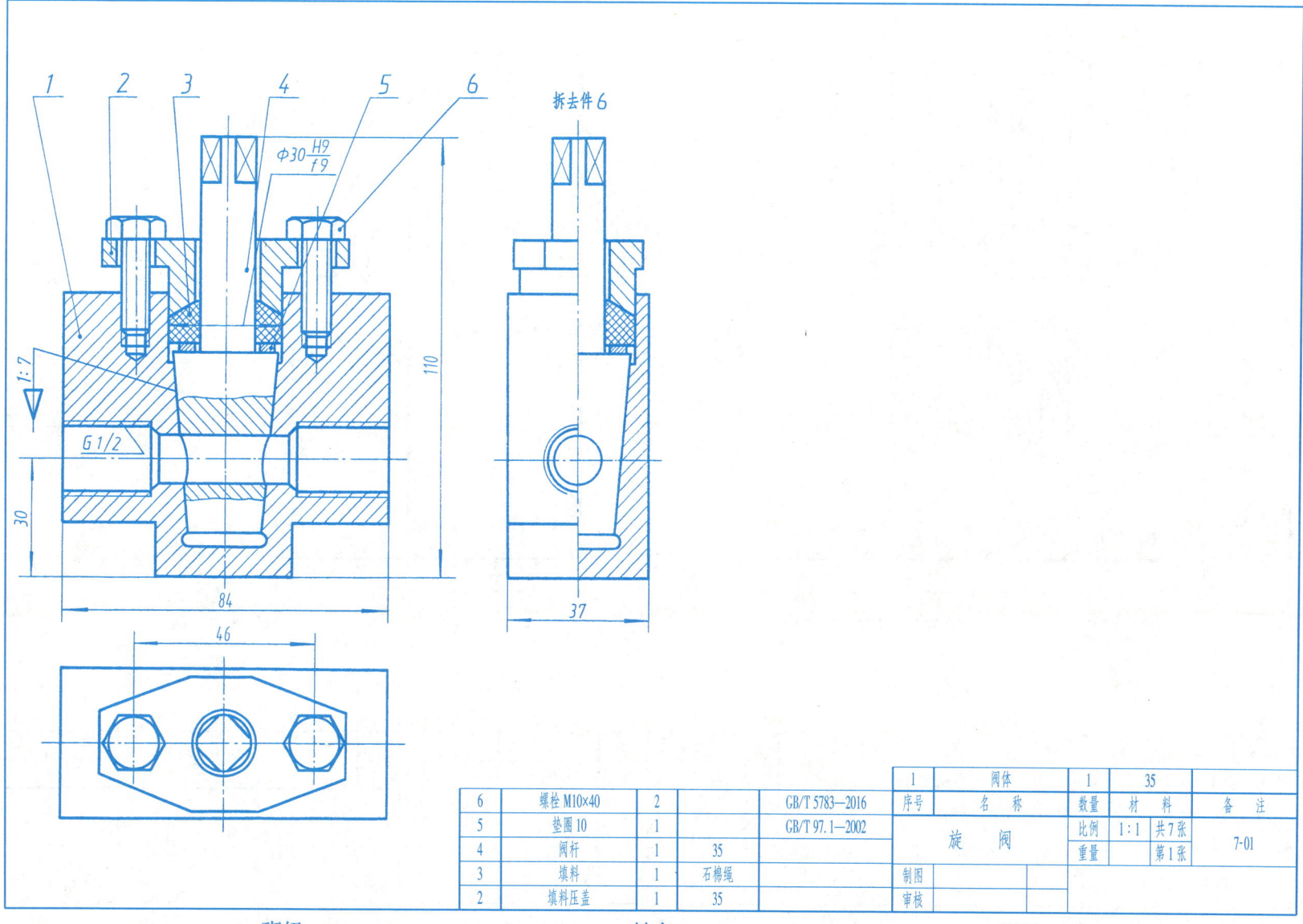

8-7 读滑轮装配图。

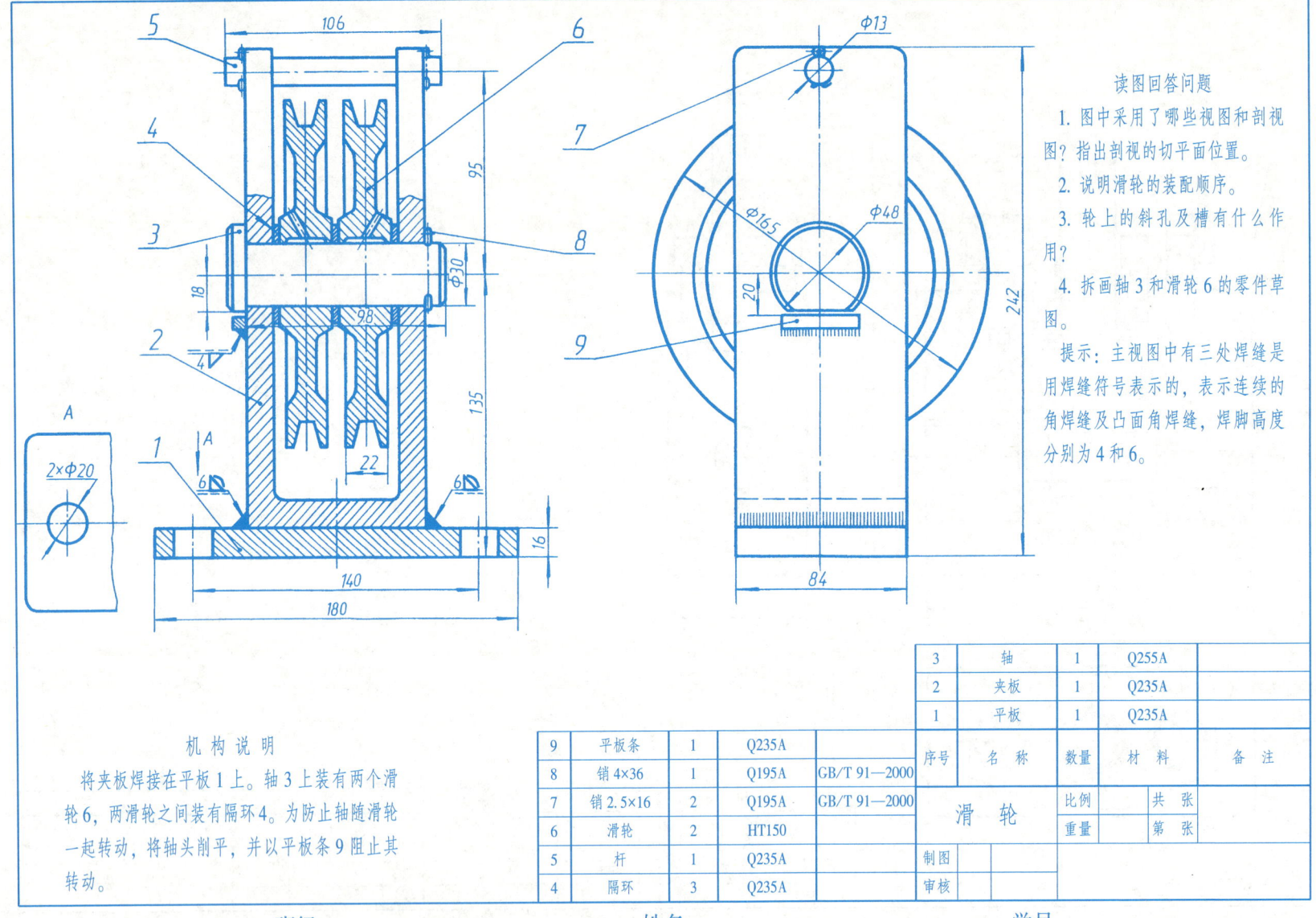

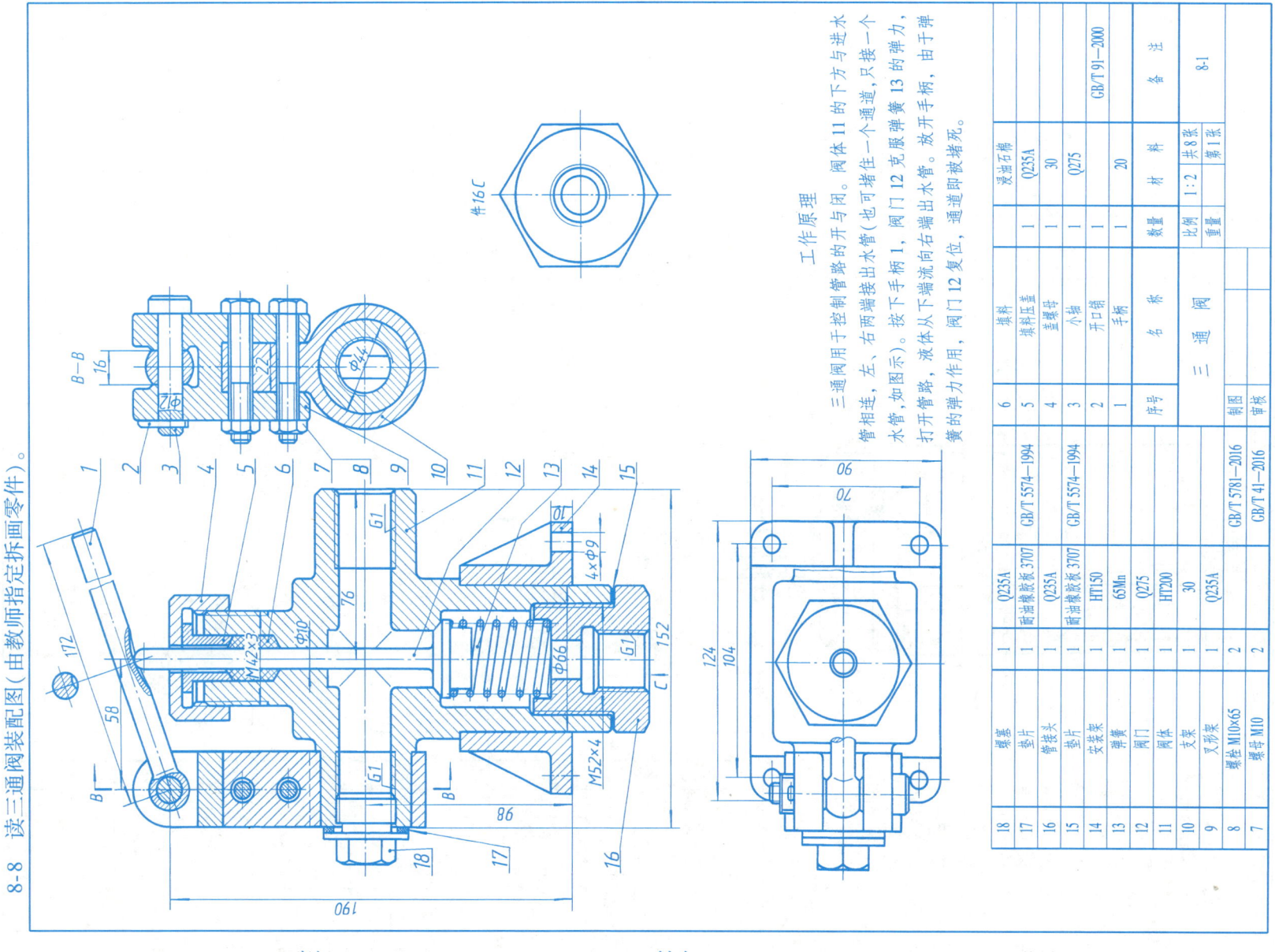

8-9 读机用虎钳装配图（其轴测图在129页）。

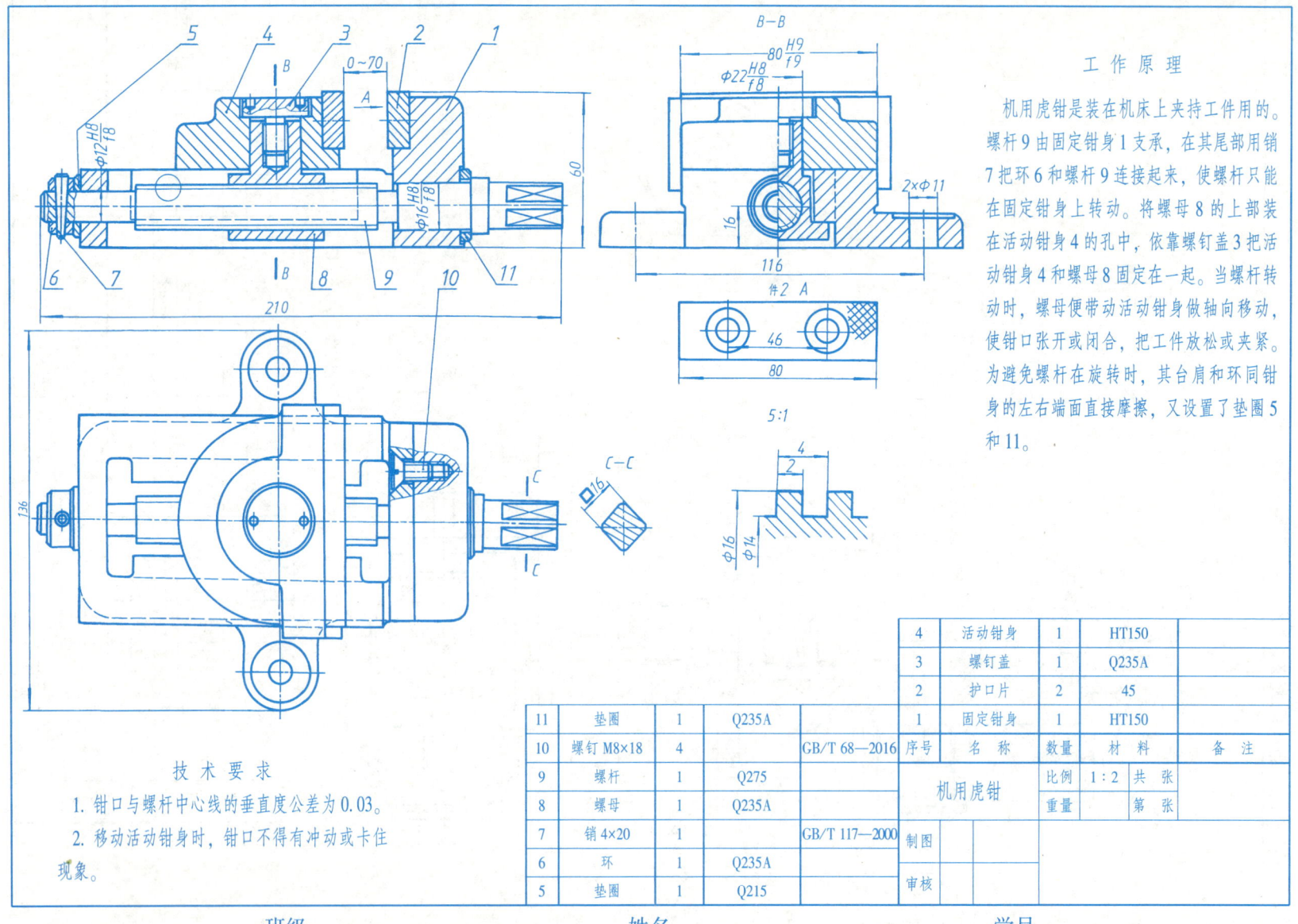

九、管路图 9-1 管路图基本知识练习。

1. 根据立面图完成平面图，并补画出左视图。

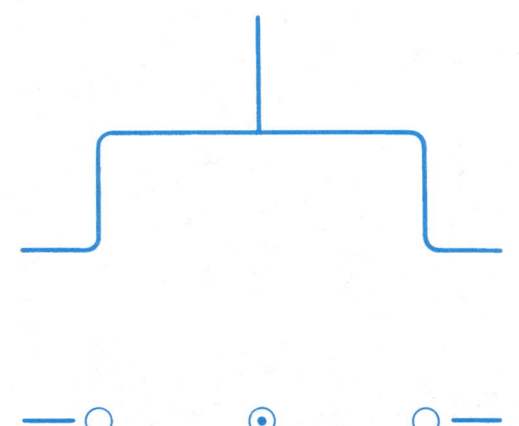

2. 根据平面图和立面图，补画左视图、右视图，并画出其管路的轴测草图。

3. 根据管路轴测图，画其主视图、俯视图、左视图、右视图四面投影（比例为 2：1）。

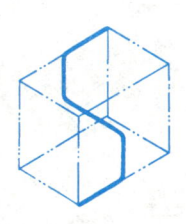

4. 根据平面图并参照轴测图，画出其立面图和左视图，再用指引线标出相应的投影符号。

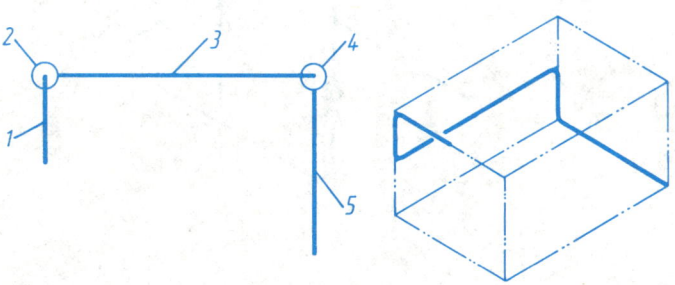

班级　　　　　　　姓名　　　　　　　学号

9-2 根据管路的主视图、俯视图(参照其轴测图)，补画左视图。

1.

2.

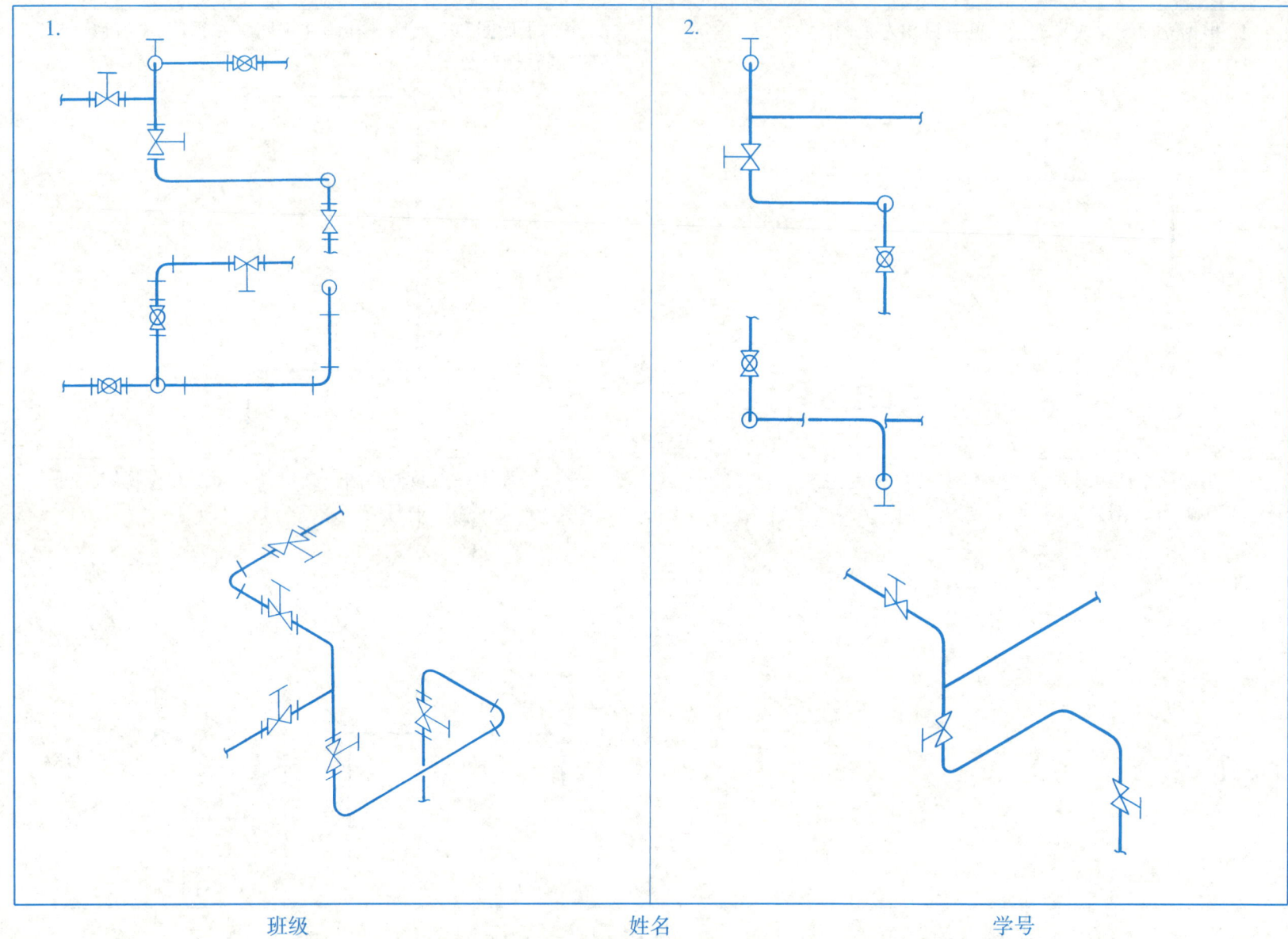

班级　　　　　　　　姓名　　　　　　　　学号

十、选做题答案 10-1 选做题答案。

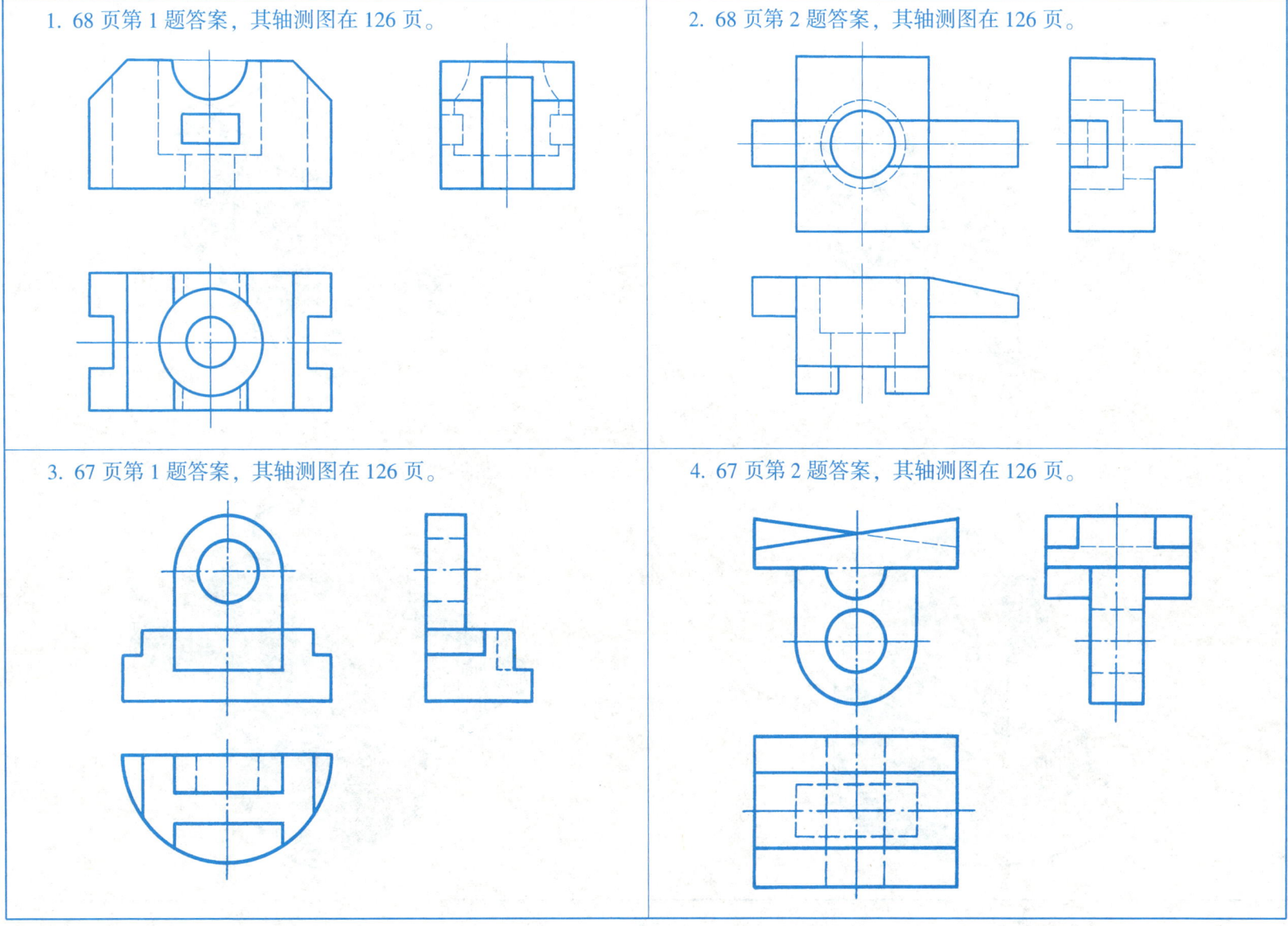

10-2 选做题立体图(一)。

1. 68 页第 1 题的轴测图。

2. 68 页第 2 题的轴测图。

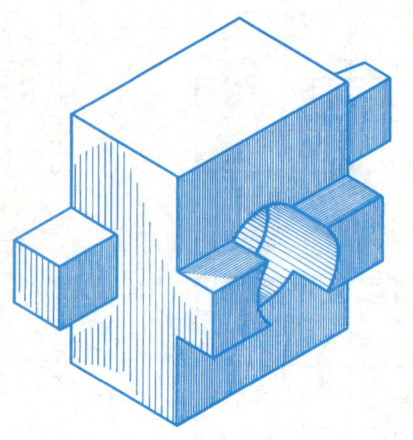

3. 67 页第 1 题的轴测图。

4. 67 页第 2 题的轴测图。

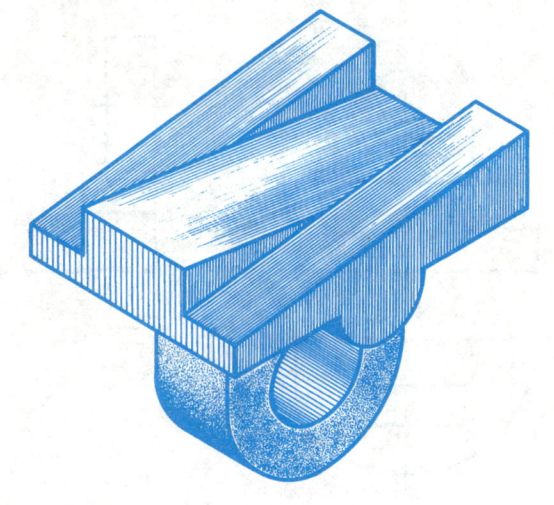

班级　　　　　　姓名　　　　　　学号

10-3 选做题立体图(二)。

1. 108 页所示零件的轴测图。

2. 110 页所示零件的轴测图。

4. 109 页所示零件的轴测图。

3. 111 页所示零件的轴测图。

5. 118 页所示装配体的轴测图。

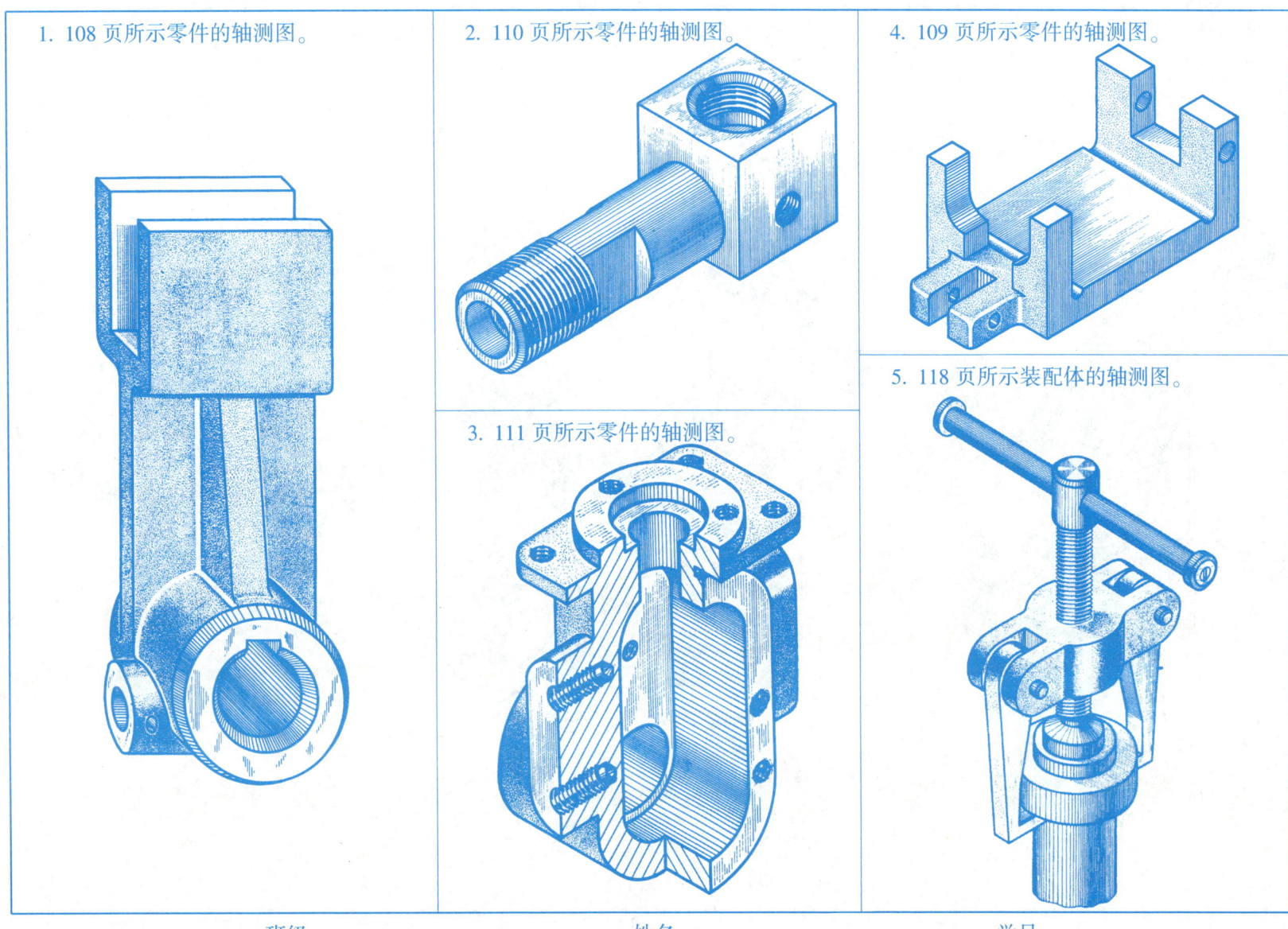

班级　　　　　　　　　　姓名　　　　　　　　　　学号

10-4 选做题立体图(三)。

1. 112 页所示零件的轴测图。

2. 113 页所示零件的轴测图。

3. 107 页所示零件的轴测图。

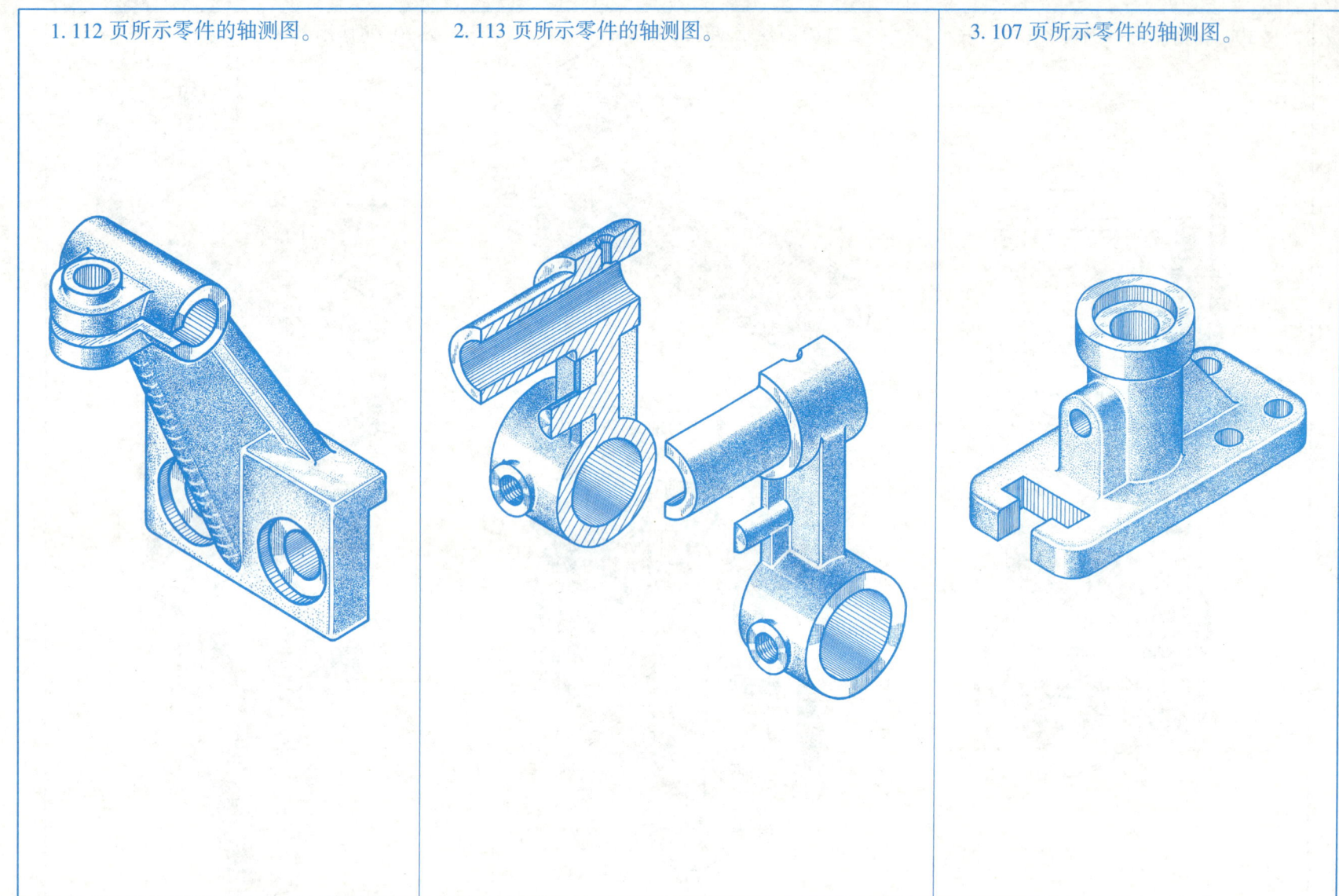

班级　　　　　姓名　　　　　学号

10-5　122页机用虎钳分解轴测图和装配轴测图。

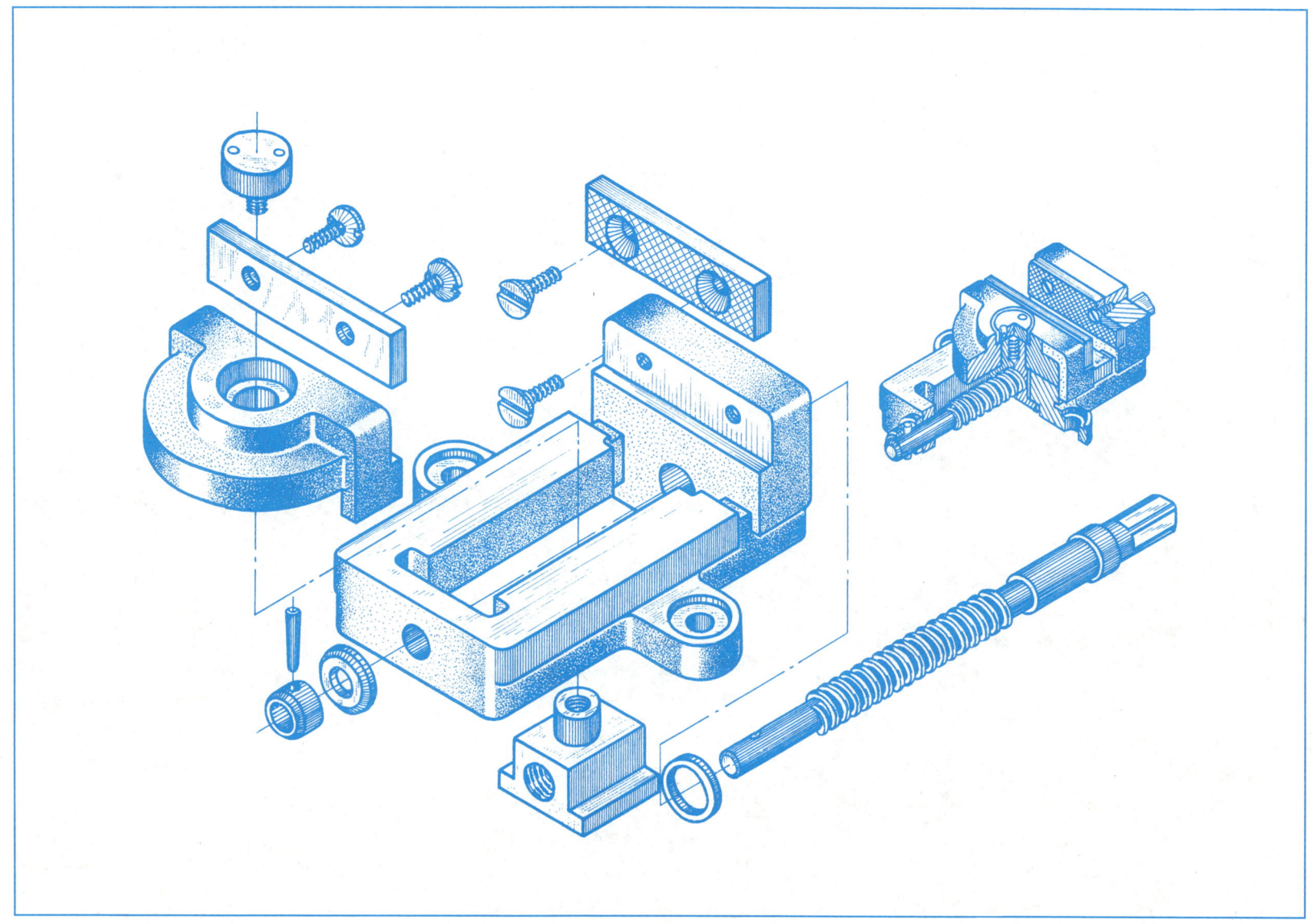

班级　　　　　姓名　　　　　学号